SOLIDWORKS® 全球培訓教材系列

SOLIDWORKS Inspection 培訓教材 繁體中文版

Dassault Systèmes SOLIDWORKS® 公司 著

陳超祥、胡其登 主編

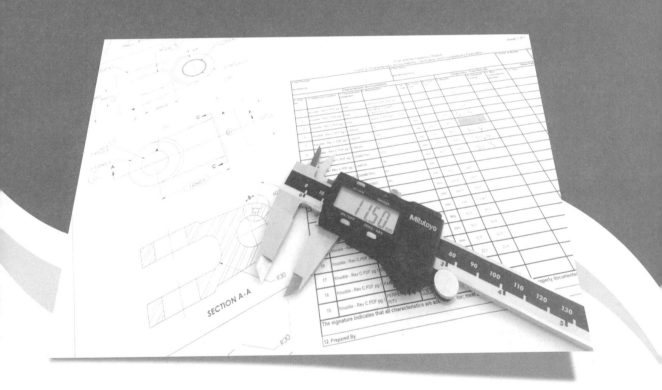

博碩文化

台灣繁體
授權發行

作　　者：Dassault Systèmes SolidWorks Corp.
主　　編：陳超祥、胡其登
繁體編譯：石孟坤

董 事 長：陳來勝
總 編 輯：陳錦輝

出　　版：博碩文化股份有限公司
地　　址：221 新北市汐止區新台五路一段 112 號 10 樓 A 棟
　　　　　電話 (02) 2696-2869　傳真 (02) 2696-2867

發　　行：博碩文化股份有限公司
郵撥帳號：17484299　戶名：博碩文化股份有限公司
博碩網站：http://www.drmaster.com.tw
讀者服務信箱：dr26962869@gmail.com
訂購服務專線：(02) 2696-2869 分機 238、519
（週一至週五 09:30 ～ 12:00；13:30 ～ 17:00）

版　　次：2022 年 6 月初版

建議零售價：新台幣 390 元
I S B N：978-626-333-155-6
律師顧問：鳴權法律事務所 陳曉鳴律師

本書如有破損或裝訂錯誤，請寄回本公司更換

國家圖書館出版品預行編目資料

SOLIDWORKS Inspection 培訓教材 /Dassault
Systèmes SOLIDWORKS Corp. 作 . -- 初版 . --
新北市：博碩文化股份有限公司, 2022.06
　　面；　公分
　　譯自：SolidWorks inspection
　　ISBN 978-626-333-155-6(平裝)
1.CST: SolidWorks(電腦程式) 2.CST: 電腦繪圖
312.49S678　　　　　　　　　　111008937

Printed in Taiwan

博 碩 粉 絲 團　歡迎團體訂購，另有優惠，請洽服務專線
　　　　　　　　(02) 2696-2869 分機 238、519

商標聲明

本書中所引用之商標、產品名稱分屬各公司所有，本書引用
純屬介紹之用，並無任何侵害之意。

有限擔保責任聲明

雖然作者與出版社已全力編輯與製作本書，唯不擔保本書及
其所附媒體無任何瑕疵；亦不為使用本書而引起之衍生利益
損失或意外損毀之損失擔保責任。即使本公司先前已被告知
前述損毀之發生。本公司依本書所負之責任，僅限於台端對
本書所付之實際價款。

著作權聲明

本書著作權為作者所有，並受國際著作權法保護，未經授權
任意拷貝、引用、翻印，均屬違法。

序

We are pleased to provide you with our latest version of SOLIDWORKS training manuals published in Chinese. We are committed to the Chinese market and since our introduction in 1996, we have simultaneously released every version of SOLIDWORKS 3D design software in both Chinese and English.

We have a special relationship, and therefore a special responsibility, to our customers in Greater China. This is a relationship based on shared values – creativity, innovation, technical excellence, and world-class competitiveness.

SOLIDWORKS is dedicated to delivering a world class 3D experience in product design, simulation, publishing, data management, and environmental impact assessment to help designers and engineers create better products. To date, thousands of talented Chinese users have embraced our software and use it daily to create high-quality, competitive products.

China is experiencing a period of stunning growth as it moves beyond a manufacturing services economy to an innovation-driven economy. To be successful, China needs the best software tools available.

The latest version of our software, SOLIDWORKS 2022, raises the bar on automating the product design process and improving quality. This release includes new functions and more productivity-enhancing tools to help designers and engineers build better products.

These training manuals are part of our ongoing commitment to your success by helping you unlock the full power of SOLIDWORKS 2022 to drive innovation and superior engineering.

Now that you are equipped with the best tools and instructional materials, we look forward to seeing the innovative products that you will produce.

Best Regards,

Gian Paolo Bassi
Chief Executive Officer, SOLIDWORKS

前言

DS SOLIDWORKS® 公司是一家專業從事三維機械設計、工程分析、產品資料管理軟體研發和銷售的國際性公司。SOLIDWORKS 軟體以其優異的性能、易用性和創新性，極大地提高了機械設計工程師的設計效率和品質，目前已成為主流 3D CAD 軟體市場的標準，在全球擁有超過 250 萬的忠實使用者。DS SOLIDWORKS 公司的宗旨是：To help customers design better product and be more successful（幫助客戶設計出更好的產品並取得更大的成功）。

"DS SOLIDWORKS® 公司原版系列培訓教材" 是根據 DS SOLIDWORKS® 公司最新發佈的 SOLIDWORKS 軟體的配套英文版培訓教材編譯而成的，也是 CSWP 全球專業認證考試培訓教材。本套教材是 DS SOLIDWORKS® 公司唯一正式授權在中華民國台灣地區出版的原版培訓教材，也是迄今為止出版最為完整的 DS SOLIDWORKS 公司原版系列培訓教材。

本套教材詳細介紹了 SOLIDWORKS 軟體模組的功能，以及使用該軟體進行三維產品設計、工程分析的方法、思路、技巧和步驟。值得一提的是，SOLIDWORKS 不僅在功能上進行了多達數百項的改進，更加突出的是它在技術上的巨大進步與持續創新，進而可以更好地滿足工程師的設計需求，帶給新舊使用者更大的實惠！

本套教材保留了原版教材精華和風格的基礎，並按照台灣讀者的閱讀習慣進行編譯，使其變得直觀、通俗，可讓初學者易上手，亦協助高手的設計效率和品質更上一層樓！

本套教材由 DS SOLIDWORKS® 公司亞太區高級技術總監陳超祥先生和大中國區技術總監胡其登先生共同擔任主編，由台灣博碩文化股份有限公司負責製作，實威國際協助編譯、審校的工作。在此，對參與本書編譯的工作人員表示誠摯的感謝。由於時間倉促，書中難免存在疏漏和不足之處，懇請廣大讀者批評指正。

陳超祥　胡其登

陳超祥 先生
現任 DS SOLIDWORKS 公司亞太地區高級技術總監

　　陳超祥先生畢業於香港理工大學機械工程系，後獲英國華威大學製造資訊工程碩士及香港理工大學工業及系統工程博士學位。多年來，陳超祥先生致力於機械設計和 CAD 技術應用的研究，曾發表技術文章二十餘篇，擁有多個國際專業組織的專業資格，是中國機械工程學會機械設計分會委員。陳超祥先生曾參與歐洲航天局「獵犬 2 號」火星探險專案，是取樣器 4 位發明者之一，擁有美國發明專利（US Patent 6, 837, 312）。

胡其登 先生
現任 DS SOLIDWORKS 公司大中國地區高級技術總監

　　胡其登先生畢業於北京航空航天大學飛機製造工程系，獲「計算機輔助設計與製造（CAD/CAM）」專業工學碩士學位。長期從事 CAD/CAM 技術的產品開發與應用、技術培訓與支持等工作，以及 PDM/PLM 技術的實施指導與企業諮詢服務。具有二十多年的行業經歷，經驗豐富，先後發表技術文章十餘篇。

推薦序

　　3D 設計軟體 SOLIDWORKS 所具備的易學易用特性，成為提高設計人員工作效率的重要因素之一，從 SOLIDWORKS 95 版在台灣上市以來至今累計了數以萬計的使用者，此次的 SOLIDWORKS 2022 新版本發佈，除了提供增強的效能與新增功能之外，同時推出 SOLIDWORKS 2022 繁體中文版原廠教育訓練手冊，並與全球的使用者同步享有來自 SOLIDWORKS 原廠所精心設計的教材，嘉惠廣大的 SOLIDWORKS 中文版用戶。

　　這一次的 SOLIDWORKS 2022 最新版的功能，囊括了多達 100 項以上的更新，更有完全根據使用者回饋所需，而產生的便捷新功能，在實際設計上有絕佳的效果，可以說是客製化的一種體現。不僅這本 SOLIDWORKS 2022 的繁體中文版原廠教育訓練手冊，目前也提供完整的全系列產品詳盡教學手冊，包括分析驗證的 SOLIDWORKS Simulation、數據管理的 SOLIDWORKS PDM、與技術文件製作的 SOLIDWORKS Composer 中文培訓手冊，可以讓廣大用戶參考學習，不論您是 SOLIDWORKS 多年的使用者，或是剛開始接觸的新朋友，都能夠輕鬆使用這些教材，幫助您快速在設計工作上提升效率，並在產品的研發上帶來 SOLIDWORKS 2022 所擁有的全面協助。這本完全針對台灣使用者所編譯的教材，相信能在您卓越的設計研發技巧上，獲得如虎添翼的效用！

　　實威國際本於〝誠信服務、專業用心〞的企業宗旨，將全數採用 SOLIDWORKS 2022 原廠教育訓練手冊進行標準課程培訓，藉由質量精美的教材，佐以優秀的師資團隊，落實教學品質的培訓成效，深信在引領企業提升效率與競爭力是一大助力。我們也期待 DS SOLIDWORKS 公司持續在台灣地區推出更完整的解決方案培訓教材，讓台灣的客戶可以擁有更多的學習機會。感謝學界與業界用戶對於 SOLIDWORKS 培訓教材的高度肯定，不論在教學或自修學習的需求上，此系列書籍將會是您最佳的工具書選擇！

SOLIDWORKS/ 台灣總代理

實威國際股份有限公司

總經理

本書使用說明

關於本書

　　本課程的主要目標是教您如何使用 SOLIDWORKS Inspection 自動化軟體來建立標有零件號球的圖面與品檢報告。SOLIDWORKS Inspection 的軟體功能是相當強大且豐富的，要仔細說明每個功能細節，又要維持課程的合理長度是非常不容易的。因此，本書的重點為成功使用 SOLIDWORKS Inspection 的基本技能和核心概念。您可以將此書視為輔助您學習的工具，但無法完全取代軟體本身的學習單元內容。對於較少使用到的指令或書中未提到的主題，即可參考線上說明或 SOLIDWORKS 學習單元，以得到更好學習效果。

先決條件

　　讀者在學習本書前，應該具備如下經驗：

* 機械設計經驗。

* 熟悉 Windows 作業系統。

課程長度

　　建議的課程長度為半天。

課程設計理念

　　本課程是以步驟或任務為基礎而設計編寫的，而非專注於介紹單項特徵和軟體功能。本書強調的是，完成一項特定任務所應遵循的過程和步驟。透過對每個範例的演練來學習這些過程和步驟，讀者將學會為了完成一項特定的設計任務所應採取的方法，以及所需要的指令、選項和功能表。

本書使用方法

　　本培訓教材是希望讀者在有 SOLIDWORKS 使用經驗的講師指導下進行學習。希望由講師現場示範書中所提供的實例，和學生跟著練習的交互學習方式，使讀者掌握軟體的功能。

範例練習

　　範例練習讓您有機會應用和練習在書中所學習到的內容及知識。這些題目都是經過設計，且能讓您用於完成代表典型的零件號球標註和檢查報告的建立情況，同時它也足夠在課堂時間完成。

關於尺寸的注意事項

練習題中的工程圖與尺寸標註，並沒有按照某種特定的製圖標準。事實上，書中有些尺寸的格式和標註方法可能在業界中不為所用。本書的練習題是用來鼓勵讀者在建模時，能用到書中和培訓課程中學到的知識，以加強建模技術。

關於範例實作檔

本書的「01Training Files」收錄了課程中所需要的所有檔案。這些檔案是以章節編排，例如：Lesson02 資料夾包含 Case Study 和 Exercises。每章的 Case Study 為書中演練的範例；Exercises 則為練習題所需的參考檔案。範例實作檔案可至「博碩文化」官網（http://www.drmaster.com.tw/），於首頁中搜尋該書名，進入書籍介紹頁面後，即可下載範例檔案。

此外，讀者也可以從 SOLIDWORKS 官方網站下載本書的 Training Files，網址是 http://www.solidworks.com/trainingfilessolidworks，下拉選擇版本後再按 Search，下方即會列出所有可練習檔案的下載連結，下載後點選執行即會自動解壓縮。

關於範本的使用

「01Training Files」資料夾內包含 Training Templates（範本）子資料夾，收錄了練習將會使用到的範例文件，請您事先將這些文件（包含 Training Templates）複製到硬碟中。

使用前需先將範本檔放置於系統指定的地方：

1. 按**工具→選項→系統選項→檔案位置**。

2. 從**顯示資料夾**下拉選單中選擇**文件範本**。

3. 按**新增**並找到 Training Templates 資料夾。

4. 按**確定**與**是**完成新增。

存取 Training Templates

在加入檔案位置後，按**進階使用者**按鈕，會看到 Training Templates 標籤已顯示於新 SOLIDWORKS 文件對話框中。

本書書寫格式

本書使用以下的格式設定：

設定	說明
功能表：檔案→列印	指令位置。例如：檔案→列印，表示從下拉式功能表的**檔案**中選擇列印指令。
提示	要點提示。
技巧	軟體使用技巧。
注意	軟體使用時應注意的問題。
操作步驟	表示課程中實例設計過程的各個步驟。

Windows 10

本書中所看到的畫面截圖，都是在 Windows 10 環境下執行 SOLIDWORKS 所截圖的。若您使用的環境並非 Windows 10，或者您自行調整了不同的環境設定，那麼您所看到的畫面可能會與本書的截圖有所出入，但這並不影響軟體操作。

色彩的運用

SOLIDWORKS Inspection 的使用者介面使用豐富的色彩，來凸顯選擇並為您提供視覺上的回饋。這大大地增加了 SOLIDWORKS Inspection 的直觀性和易用性，在某些情況下，插圖中可能使用了其他顏色。用來增強概念交流、特徵識別，藉以傳達重要訊息。此外，視窗背景已更改為純白色，以便圖示能更清楚地在呈現在白色頁面上，且因本書印製採用單色印刷呈現，故您在螢幕上看到的顏色和圖示可能與書中的顏色和圖示不盡相同。

更多 SOLIDWORKS 培訓資源

MySolidWorks.com 讓您隨時、隨地在任何電腦上都能連接到 SOLIDWORKS 的內容與服務，使您更具有生產力。另外，My.SolidWorks.com/training 中的 MySolidWorks Training 也能依您的學習速度，安排加強您的 SOLIDWORKS 技巧。

01 Inspection 附加程式

02 單機版應用程式

03　SOLIDWORKS Inspection Professional

A　檢查報告範本

B 了解正規表達式

C 品管術語表

01

Inspection 附加程式

 順利完成本章課程後，您將學會：

- 加載 SOLIDWORKS Inspection 附加程式
- 建立一個檢查專案
- 建立自定義專案範本
- 從工程圖中擷取檢查特性值
- 查看和修改檢查特性值
- 建立檢查報告和有球標號的 PDF
- 設計流程變更
- 為工程圖手動添加零件號球
- 輸出專案以供單機版應用程式使用

1.1 什麼是SOLIDWORKS Inspection？

SOLIDWORKS Inspection是一款首件檢查（FAI）工具，它可大大地簡化及自動化地建立工程圖零件號球和品質檢查報告（AS9102、PPAP、……等等）。

SOLIDWORKS Inspection包括單機版應用程式和位於SOLIDWORKS中的附加程式。可讓無論是使用 SOLIDWORKS 檔案、PDF、TIFF 圖片檔或其他圖檔的使用者都能夠利用其中的數據資料。

此外，SOLIDWORKS Inspection Professional為使用者提供多種輸入量測值的方法，可直接進入專案以幫助簡化零件檢查。每個檢查特性值可以手動輸入、使用數位游標卡尺或透過三次元量測儀（CMM）的結果來輸入。

以下是帶有零件號球的工程圖和零件，和AS9102有關的首件檢查報告（FAIR）。

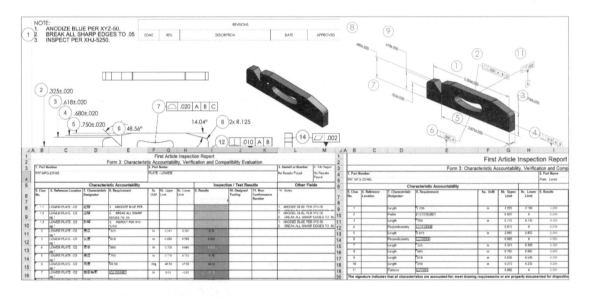

1.1.1 Inspection附加程式

本章我們將重點介紹SOLIDWORKS附加程式。由於附加程式交互使用原有的SOLIDWORKS工程圖、零件和組合件檔案，因此建立零件號球和檢查報告將更加自動化且非常快速。這是因為檢查資訊不需要重新從檔案中手動擷取或借助光學字元辨識（OCR）。檢查元數據是與SOLIDWORKS文件一起儲存的。可無縫整合SOLIDWORKS以及快速、輕鬆更新和版本修訂。

> SOLIDWORKS零件或組合件檔案包含可以被擷取的產品製造資訊（PMI）。

要使用SOLIDWORKS Inspection，必須到**工具→附加**。同時勾選**啟動附加程式**與**啟動SOLIDWORKS Inspection**，並點選**確定**。

指令TIPS 附加程式

- 工具列：**選項** ⚙ ▾ **→附加**。
- CommandManager：**SOLIDWORKS附加程式→SOLIDWORKS Inspection** 🔲。
- 功能表：**工具→附加程式**。

STEP 1 開啟**SOLIDWORKS**

STEP 2 加載附加程式

點選**工具→附加程式**。選擇**SOLIDWORKS Inspection**。點選**確定**。

附加		×
啟動附加程式	啟動	上次載入時間
☐ 🔲 FeatureWorks	☐	--
☐ 🔵 PhotoView 360	☐	--
☐ 🔲 ScanTo3D	☐	< 1s
☐ 🔲 SOLIDWORKS Design Checker	☐	< 1s
☐ 🔲 SOLIDWORKS Motion	☐	--
☐ 🔲 SOLIDWORKS PDM	☐	< 1s
☐ 🔲 SOLIDWORKS Routing	☐	--
☐ 🔲 SOLIDWORKS Simulation	☐	--
☐ 🔲 SOLIDWORKS Toolbox Library	☐	< 1s
☐ SOLIDWORKS Toolbox Utilities	☐	< 1s
☐ 🔲 SOLIDWORKS Utilities	☐	--
☐ 🔲 TolAnalyst	☐	--
⊟ SOLIDWORKS 附加程式		
☐ 🌐 3DEXPERIENCE Marketplace	☐	3s
☐ Autotrace	☐	--
☐ SOLIDWORKS CAM 2021	☐	7s
☐ SOLIDWORKS Composer	☐	< 1s
☑ 🔲 SOLIDWORKS Inspection	☑	1s
☐ SOLIDWORKS Manage	☐	--

確定　取消

1.2 檢查專案

在為 SOLIDWORKS 檔案加入零件號球並產生檢查報告之前，需要建立檢查專案。而 SOLIDWORKS Inspection 可將專案屬性、擷取設定、公差設定和檢查特性數據保存在 SOLIDWORKS 文件中。

1.2.1 專案範本

建立新的檢查專案時，必須先開啟要標註零件號球的文件，然後選擇一個專案範本，其中包含預設擷取設定、特性資訊（類別、排序…等）、號球形狀、外觀和預設公差。

SOLIDWORKS Inspection 為 ANSI B4.1 和 ISO 2768 標準提供多種預定義範本。此外，無限數量的自訂檢查專案範本可以滿足您的公司、供應商或客戶要求。

指令TIPS 產生新範本 🔍

- CommandManager：**SOLIDWORKS Inspection→產生新範本**。
- 功能表：**工具→SOLIDWORKS Inspection→產生新範本**。

STEP 3 開啟工程圖

Inspection 畫面僅在 SOLIDWORKS 文件被開啟時才可使用。從 Lesson01\Case Study 資料夾中開啟 clamp, right bottom.SLDDRW。

1.3 實例研究：檢查專案

在本實例研究中，我們將在 SOLIDWORKS Inspection 附加程式中建立新的檢查專案。在輸出專案檔與檢查文件前我們會自動擷取和標註零件號球特性值、檢查和修改零件號球和特性值屬性。

指令TIPS 新增檢查專案 🔍

- CommandManager：**SOLIDWORKS Inspection→新增檢查專案** 📝。
- 功能表：**工具→SOLIDWORKS Inspection→新增檢查專案**。

STEP **4**　建立檢查專案

　　點選**新增檢查專案**📝，出現**專案範本選擇**對話框，於**專案設定**中勾選 ANSI B4.1 IT7. swidot範本使其成為啟用中範本。

　　點選**確定**。

1.3.1　一般設定

　　產生檢查專案的第一頁對話框中包含與檢查專案有關的**一般設定**訊息。

◆ 文件屬性

屬性部分包含有關零件、工程圖文件、供應商和工作編號的訊息。

對於零件和文件屬性，您可以明確輸入值，或者如果工程圖或模型文件中有可用的自訂屬性，您可以將值連結到選定的自訂屬性。如果稍後修改了任何自訂屬性，則相應的連結值也將更改。將屬性值連結到模型文件時，可以使用特定的模型組態屬性或非特定於模型組態的自訂屬性。

STEP 5　連結自訂屬性

點選**零件號**。

一般設定	
屬性	
零件名稱	
零件號	
零件修訂	
文件名稱	
文件編號	
文件修訂版	
供應商	▼
工作編號	

從**選擇連結的自訂屬性**對話框中，點選**模型的自訂屬性**頁籤。

選擇連結的自訂屬性

工程圖的自訂屬性	模型的自訂屬性	模型組態特定

名稱	值
Material	6061-T6 (SS)
Finish	SEE NOTE
Revision	C
Company	CLAMP ALL
Weight	158.9268
Description	CLAMP, RIGHT BOTTOM
▶ Number	SW-43567-101

確定　取消

　　點選 Number，然後點選**確定**。在**零件號**文字框中將顯示儲存在模型的自訂屬性 Number 中的值，並連結到自訂屬性。

　　重複上述步驟來連結檢查報告屬性至以下**模型的自訂屬性**：

- **零件名稱**：Description
- **零件修訂**：Revision

STEP 6　　**手動輸入屬性**

　　屬性也可透過手動來輸入，點選**文件編號**後的文字框，手動輸入 DOC-43567，重複上述步驟來手動輸入以下檢查報告屬性：

- **文件名稱**：Clamp 43567
- **文件修訂版**：C

　　從**供應商**列表中選擇 ACME，供應商可以透過從列表中選擇或另外輸入新值，輸入新值會自動將其加入到列表中，也可以使用**編輯供應商指令** 📝 來修改供應商列表。

　　點選**工作編號**文字框，輸入 76543。

◉　**自訂屬性**

　　自訂屬性部分可以在專案資訊層加入無限數量的自訂屬性。

　　可以從預先定義列表中選擇自訂屬性，也可以輸入新值。

　　自訂屬性可以輸出到微軟的 Excel 檢查報告或保存在專案範本中。

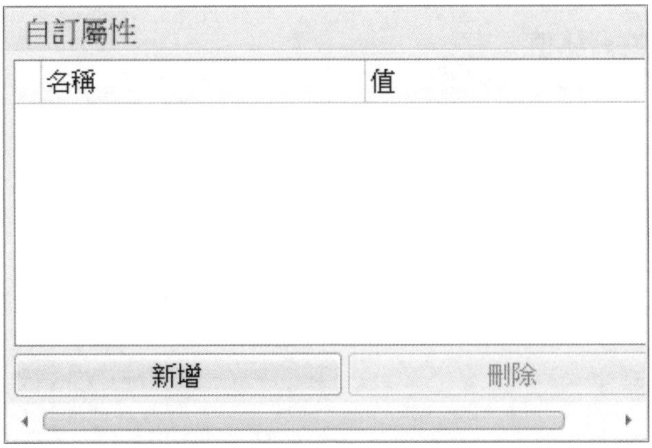

自訂屬性	
名稱	值
新增	刪除

◆ **特性資訊**

特性資訊為指定抓取特性值的預設設定。

- **開始編號**：指定開始零件號球號碼。
- **排序**：指定當執行自動擷取時，零件號球的擷取方向，方向選擇為**無、順時針、反時針**。
- **類別**：指定零件號球分類，例如：**關鍵、重要、次要**或**伴隨的**類別，主要用來指定特性值的不同預先設定，且可以在編碼號球後再改變。

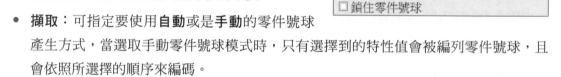

- **擷取**：可指定要使用**自動**或是**手動**的零件號球產生方式，當選取手動零件號球模式時，只有選擇到的特性值會被編列零件號球，且會依照所選擇的順序來編碼。
- **為每個副本產生**：指定是否建立零件號球給每個特性值副本，或只是給相似特性值群組一個零件號球。如果是勾選的，將會為每一個副本單獨產生一列在輸出檢查報告中。
- **自動零件號球**：指定是否當進行編輯時自動將整張工程圖標上零件號球。在一張大工程圖中如果有很多特性值，最好不要選中它，以便在建立零件號球時可以更好地控制。
- **鎖住零件號球**：可讓您加入或移除零件號球，而不影響剩餘零件號球的編號。如果您移除零件號球，即會從順序中移除其編號，不會影響其他零件號球編號。如果您加入新特性，這些特性便會加入零件號球編號順序的尾端。

STEP 7 設定特性資訊值

設定**開始編號**為**1**。

設定**排序**為**順時針**。

設定**類別**為**重要**。

設定**擷取**方式為**自動**。

勾選**為每個副本產生**。

勾選**自動零件號球**。

清除選取**鎖住零件號球**。

特性資訊	
開始編號	1
排序	順時針
類別	重要
擷取	自動
☑ 為每個副本產生	
☑ 自動零件號球	
☐ 鎖住零件號球	

◈ 取樣

取樣可讓您輸入特定批次中零件數量的相關統計抽樣的驗收合格標準（AQL）預設資訊。用於統計抽樣的樣本量和可接受的缺陷是根據標準 AQL 表計算來的。

SINGLE SAMPLING PLAN FOR NORMAL INSPECTION
SAMPLE SIZE CODE LETTERS

Lot Size	General Inspection Levels			Special Inspection Levels			
	I	II	III	S1	S2	S3	S4
2 to 8	A	A	B	A	A	A	A
9 to 15	A	B					
16 to 25	B	C					
26 to 50	C	D					
51 to 90	C	E					
91 to 150	D	F					
151 to 280	E	G					
285 to 500	F	H					
501 to 1200	G	J					
1201 to 3200	H	K					
3201 to 10000	J	L					
10001 to 35000	K	M					
35001 to 150000	L	N					
150001 to 500000	M	P					
500001 and over	N	Q					

AQL CHARTS

Acceptance Quality Levels (Normal Inspection)

Sample Size Code Letter	Sample Size	0		0.1		0.15		0.25		0.4		0.65		1		1.5		2.5		4		6.5	
		Ac	Re	Ac	Re	Ac	Re	Ac	Re	Ac	Re	Ac	Re	Ac	Re	Ac	Re	Ac	Re	Ac	Re	Ac	Re
A	2																					0	1
B	3																			0	1	1	2
C	5																	0	1	1	2	2	3
D	8															0	1	1	2	2	3	3	4
E	13													0	1	1	2	2	3	3	4	5	6
F	20											0	1	1	2	2	3	3	4	5	6	7	8
G	32									0	1	1	2	2	3	3	4	5	6	7	8	10	11
H	50							0	1	1	2	2	3	3	4	5	6	7	8	10	11	14	15
J	80					0	1	1	2	2	3	3	4	5	6	7	8	10	11	14	15	21	22
K	125			0	1	1	2	2	3	3	4	5	6	7	8	10	11	14	15	21	22		
L	200	0	1	1	2	2	3	3	4	5	6	7	8	10	11	14	15	21	22				
M	315	1	2	2	3	3	4	5	6	7	8	10	11	14	15	21	22						
N	500	2	3	3	4	5	6	7	8	10	11	14	15	21	22								
P	800	3	4	5	6	7	8	10	11	14	15	21	22										
Q	1250	5	6	7	8	10	11	14	15	21	22												
R	2000	7	8	10	11	14	15	21	22														

STEP▶ 8 設定取樣值

設定**批量大小**為 **200**。

設定**層級**為 **II**。

設定**類型**為**標準**。

設定 **AQL** 為 **2.5**。

點選**下一步**（頁）⊙。

取樣	
批量大小	200
層級	II ▼
類型	標準 ▼
AQL	2.5 ▼

1.3.2　擷取設定

擷取設定頁面可讓您指定希望包含在特性擷取中的內容。您可以選擇的選項有：

◆ **尺寸**

您可以指定是否要包括擷取的尺寸，以及要包括的尺寸類型。

勾選**僅限檢查**為只擷取檢查尺寸。

勾選**參考**為擷取參考尺寸。

勾選**基本**為擷取基本尺寸。

勾選**次要單位**為擷取雙重單位尺寸或次要尺寸值。

勾選**重置值**為永遠使用在工程圖內重新覆寫過的尺寸值。

勾選**分割導角尺寸**來自動建立獨立不同行的線性尺寸與角度。

◆ **註解**

您可以選擇是否包括註解，並指定準則以計算哪些要被擷取的註解。

勾選**包括**來擷取來自圖面內的註解。

勾選**圖頁格式**來擷取屬於註解操作中圖頁格式的註解。

勾選**自動爆炸**來為每一行註解建立特性值。

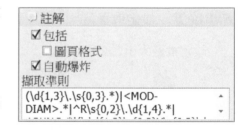

輸入**擷取準則**來指定過濾註解結果的正規表達式。正規表達式為符合多個字串的複製排列。您下次從工程圖載入資料時，新的正規表達式會過濾註解。

◆ **技巧**

> 在修改預設正規表達式之前，建議您將其複製/貼上到文字檔，並將其保存到方便的位置。

◆ **GDT（幾何公差符號）、孔標註、鑽孔表格、熔接、表面加工**

　　勾選剩餘的**包括**框以擷取來自圖面中的GDTs（幾何公差）、孔標註、熔接和表面加工。如果要為每個孔標註建立單獨的副本，請勾選**孔標註**下的**自動爆炸**框。選擇此選項將為每個副本標註建立一個單獨列來導出到檢查報告。

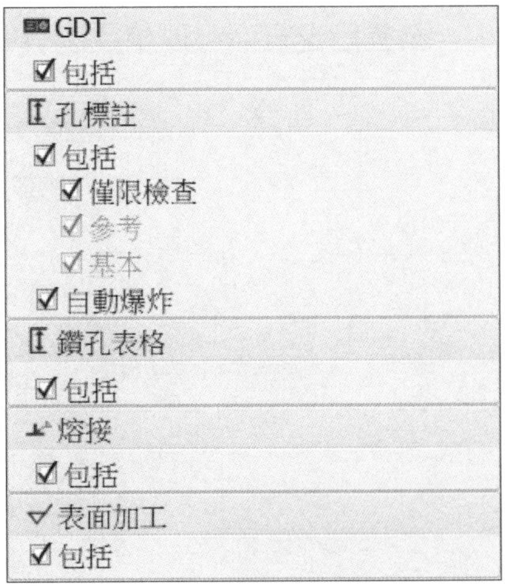

▦ GDT
☑ 包括
Ⅱ 孔標註
☑ 包括
☑ 僅限檢查
☑ 參考
☑ 基本
☑ 自動爆炸
Ⅱ 鑽孔表格
☑ 包括
⌁ 熔接
☑ 包括
▽ 表面加工
☑ 包括

STEP 9 設定擷取設定

　　檢查**擷取設定**項目如右圖所示。使用在**擷取準則**內預設的正規表達式。

　　點選**下一步**（頁） ⊙ 。

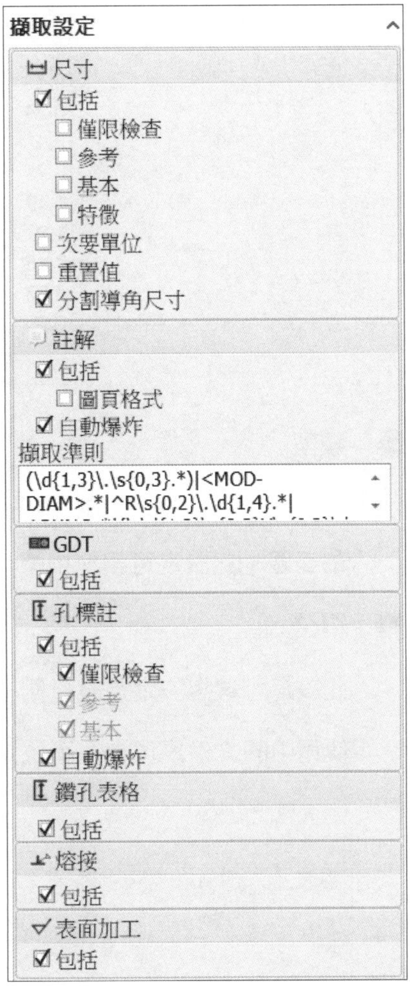

擷取設定 ⌃
⊟ 尺寸
☑ 包括
☐ 僅限檢查
☐ 參考
☐ 基本
☐ 特徵
☐ 次要單位
☐ 重置值
☑ 分割導角尺寸
⌐ 註解
☑ 包括
☐ 圖頁格式
☑ 自動爆炸
擷取準則
(\d{1,3}\.\s{0,3}.*)|<MOD-DIAM>.*|^R\s{0,2}\.\d{1,4}.*|
▦ GDT
☑ 包括
Ⅱ 孔標註
☑ 包括
☑ 僅限檢查
☑ 參考
☑ 基本
☑ 自動爆炸
Ⅱ 鑽孔表格
☑ 包括
⌁ 熔接
☑ 包括
▽ 表面加工
☑ 包括

1.3.3　公差設定

公差設定頁面可以指定沒有明確標註公差的尺寸所要用的一般公差。這些部分包括：

◆　**類型**

- **依精度**：這個設定可讓您根據尺寸中的小數位數來設定一般公差。
- **依範圍**：此設定可讓您根據尺寸值來設定一般公差。

◆　**單位**

此設定可讓您設定預設量測單位為**英吋**或**毫米**。

使用中的文件單位會在單位選擇處下方顯示。

◆ **格式**

- **線性**：這個表可讓您設定線性尺寸之預設正負公差值。

- **角**：這個表可讓您設定角度尺寸之預設正負公差值。

  要清除某個值，請將其設定為0。

  在某些情況下，這些值可能與圖紙上指定的預設公差相同。

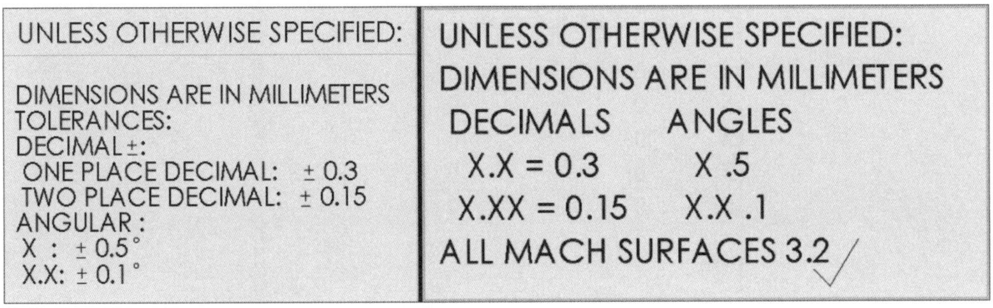

| UNLESS OTHERWISE SPECIFIED:

DIMENSIONS ARE IN MILLIMETERS
TOLERANCES:
DECIMAL±:
 ONE PLACE DECIMAL: ± 0.3
 TWO PLACE DECIMAL: ± 0.15
ANGULAR:
X : ± 0.5°
X.X: ± 0.1° | UNLESS OTHERWISE SPECIFIED:
DIMENSIONS ARE IN MILLIMETERS
DECIMALS   ANGLES
X.X = 0.3   X .5
X.XX = 0.15   X.X .1
ALL MACH SURFACES 3.2 ✓ |

STEP 10 設定公差設定值

類型請點選**依精度**。

單位設定為**毫米**。

在**格式**部分點選**線性**頁籤，並設定如圖顯示的線性精度公差。

線性	角	
精度	正公差	負公差
0	+0.5	-0.5
1	+0.3	-0.3
2	+0.15	-0.15
3	0	0
4	0	0
5	0	0
6	0	0
7	0	0
8	0	0

點選**角**頁籤,並設定如圖顯示的角精度公差。

點選確定 ✓ 。

線性	角	
精度	正公差	負公差
0	+.5	-.5
1	+.1	-.1
2	0	0
3	0	0
4	0	0
5	0	0
6	0	0
7	0	0
8	0	0

檢查專案和檢查**特性**欄位已被建立。由於在**一般設定**頁面上勾選了**自動零件號球**選項,因此會自動添加。

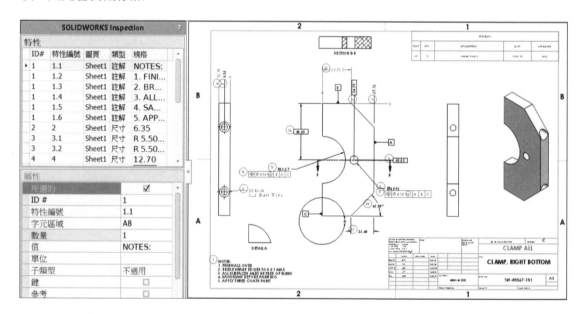

STEP 11 建立自訂專案範本

現在建立的自訂專案範本會包含先前定義的設定,並且可以重用在未來的專案中。

點選**產生新範本** 📳 。

當出現提示繼續視窗時選擇**是**。

於檔案名稱輸入 SWI-CustomTemplate，並點選**存檔**。

預設情況下，範本將被存在以下位置：

C:\ProgramData\SOLIDWORKS\SOLIDWORKS Inspection<版本>Addin\Templates

1.4 SOLIDWORKS Inspection管理員

建立檢查專案後，**SOLIDWORKS Inspection**頁籤將會顯示**特性**欄位，此處將顯示所有被擷取的特性值。在此頁中，可以查看並修改特性值。

1.4.1 特性

SOLIDWORKS Inspection視窗分為兩個窗格。上部窗格包含**特性**欄位。精簡視圖可以對特性值進行分組、取消分組、分類和排序。點選**特性**欄位中的特性值將在繪圖區中被選擇並反白強調該特性值。反之，在繪圖區中選擇被標註零件號球的特性值（而不是零件號球本身）將在**特性**欄位中反白強調相對應的特性值。

ID#	特性編號	圖頁	類型	規格
▸ 1	1.1	Sheet1	註解	NOTES:
1	1.2	Sheet1	註解	1. FINISH ALL ...
1	1.3	Sheet1	註解	2. BREAK SH...
1	1.4	Sheet1	註解	3. ALL SURFA...
1	1.5	Sheet1	註解	4. SANDBLAS...
1	1.6	Sheet1	註解	5. APPLY THR...
2	2	Sheet1	尺寸	6.35
3	3.1	Sheet1	尺寸	R 5.50 ⌴ Ø.4...
3	3.2	Sheet1	尺寸	R 5.50 ⌴ Ø.4...
4	4	Sheet1	尺寸	12.70
5	5	Sheet1	尺寸	⌈ 34.93 ⌉
6	6	Sheet1	尺寸	57.15
7	7	Sheet1	尺寸	⌈ 60.33 ⌉
8	8	Sheet1	尺寸	Ø 8.992
9	9	Sheet1	GTOL	⊕Ø.010ⓂA|B|C
10	10	Sheet1	尺寸	45.00°
11	11	Sheet1	尺寸	25.40

1.4.2 特性屬性

下方窗格顯示當前選定特性的屬性。首先，屬性值的設定是由專案設定內的預設值決定，但許多屬性可以在屬性窗格中手動編輯。下面列出了一些屬性來說明。

屬性	
所選的	☑
ID #	2
特性編號	2
字元區域	E8
數量	1
值	6.35
單位	mm
子類型	長度
鍵	☐
參考	☐
正公差	+.15
- 公差	-.15
上限	6.50
下限	6.20
備註	
操作	
圖頁	Sheet1
視圖	Drawing View2
類別	重要
模型組態名稱	Default
方法	
AQL	2.5
樣本大小	32
接受	2
拒絕	3

- **所選的**：如果是被勾選的，該特性值將包含在零件號球和導出資料中。

- **數量**：您可以設定特性值的副本實際數量。

- **鍵**：如果是被勾選的，該特性值將被標記為關鍵特性。

- **參考**：如果是被勾選的，該特性將被標記為參考尺寸，並且任何相關尺寸公差將用 **REF** 代替。

參考	☑
正公差	REF
- 公差	REF
上限	REF
下限	REF

- **備註**：您可以輸入與特性值相關的備註。

- **操作**：您可以透過下拉式清單的選擇或輸入新值來指定特性值的製造操作。輸入新值會自動將其加入到下拉式清單中。也可以使用**編輯操作**指令 ♻ 修改清單。

- **類別**：您可以透過下拉式清單的選擇來指定特性值的類別。

- **方法**：您可以透過下拉式清單的選擇來指定特性值的檢查方法。輸入新值會自動將其加入到下拉式清單中。也可以使用**編輯檢查方法**指令 🗡 來修改清單。

- **AQL**：您可以從 AQL 清單中選擇可驗收合格標準給該特性值。樣本大小、接受和拒絕將根據此設定來重新計算。

STEP 12 修改特性值

在**屬性**窗格內選擇**特性編號 #4**（對應尺寸12.70），於**方法**處由清單中選擇**數位卡尺**。

ID#	特性編號	圖頁	類型	規格
2	2	Sheet1	尺寸	6.35
3	3.1	Sheet1	尺寸	R 5.50 ⌴ Ø
3	3.2	Sheet1	尺寸	R 5.50 ⌴ Ø
▶ 4	4	Sheet1	尺寸	12.70
5	5	Sheet1	尺寸	| 34.93 |
6	6	Sheet1	尺寸	57.15
7	7	Sheet1	尺寸	| 60.33 |

模型組態名稱	Default
方法	
AQL	塊規
樣本大小	雷射測微器
接受	數位卡尺
拒絕	銷量規
	環規

找到**特性編號 #3**。注意有兩個特性，3.1 和 3.2。

▶ 3	3.1	Sheet1	尺寸	R 5.50 ⌴ Ø.4...
3	3.2	Sheet1	尺寸	R 5.50 ⌴ Ø.4...

提示 在**新增檢查專案**設定部分中，當**特性資訊**內**為每個副本產生**是被勾選的，將會為每一副本產生一個新的特性值列。

特性資訊	
開始編號	1
排序	順時針
類別	重要
擷取	自動
☑ 為每個副本產生	
☑ 自動零件號球	
☐ 鎖住零件號球	

這裡有兩個與號球 3 相關的沉頭孔副本。

點選每個副本以在**屬性**窗格中修改其屬性。

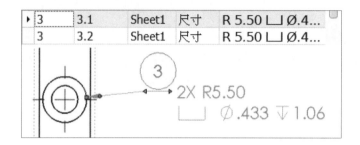

1.4.3　零件號球設定

　　一些自動產生的零件號球可能出現在不是最佳的位置。此外,零件號球內文字的方向可能不符合您的預期。

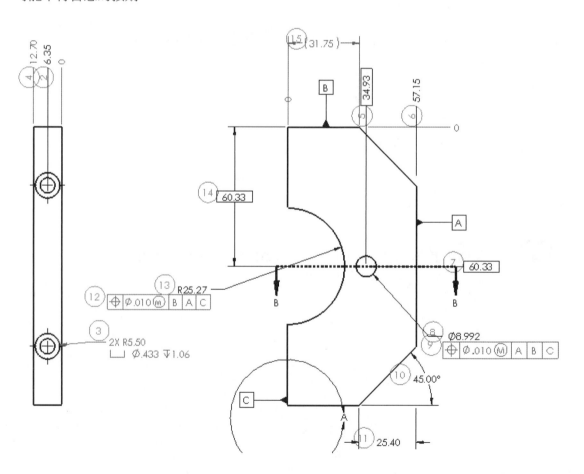

零件號球的外觀和位置是可以修改的。

指令TIPS　**加入 / 編輯零件號球**

- CommandManager：**SOLIDWORKS Inspection→加入/編輯零件號球** 🔘。
- 功能表：**工具→SOLIDWORKS Inspection→加入/編輯零件號球**。

點選**加入/編輯零件號球**來修改零件號球設定，如：形狀、大小、位置、圖層或字首。

◉ **一般**

一般設定內可讓您修改零件號球的放置、方向與圖層：

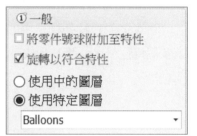

- **將零件號球附加至特性**：這會將零件號球附加到您的特性值旁，以便當您移動氣球時，尺寸特性也將隨之移動。不勾選此選項時，可獨立移動您的特性值號球。

- **旋轉以符合特性**：這將旋轉零件號球以符合特性值的角度。

- **使用中的圖層**：將零件號球加入到目前工程圖啟用的圖層。

- **使用特定圖層**：將零件號球加入到工程圖中的特定圖層。要更改圖層名稱，請在欄位框中直接輸入圖層名稱，或從清單中選擇圖層名稱。

提示　如果您希望能夠在SOLIDWORKS中開啟或關閉圖層以隱藏或顯示零件號球，請務必在此步驟中選擇**使用特定圖層**。

◉ **一般格式**

◉ **鍵特性格式**

這些設定可讓您於**一般格式**或**鍵特性格式**中修改字首、配合或形狀：

- **字首**：加入或修改特性值的零件號球字首文字。

- **配合**：更改適合零件號球的位數。例如：對於編號為千（1501）以上的零件號球，將配合更改為4。

- **形狀**：從形狀列表中選擇要修改特性值的零件號球形狀。

◉ **偏移**

此選項可讓您更改每種特性值類型的預設零件號球位置和顯示。

鍵入 X 和 Y 的偏移值來更改零件號球的預設位置。

勾選第二欄以顯示或隱藏所選特性值類型的零件號球。

類型		X	Y
尺寸	☑	-6	6
GDT	☑	-6	6
註解	☑	-6	6
孔標註	☑	-6	6
熔接	☑	-6	6
表面加工	☑	-6	6
鑽孔.表格	☑	-11	-5

① 偏移

1.4.4 重新排序零件號球

可以透過對特性欄位中的特性值重新排序來對零件號球重新編號。可以透過選擇一個或多個特性值,並將其拖放到新位置來重新排序特性值。

特性

ID#	特性編號	圖頁	類型	規格
1	1.1	Sheet1	註解	NOTES:
1	1.2	Sheet1	註解	1. FINISH ALL OV...
1	1.3	Sheet1	註解	2. BREAK SHARP...
1	1.4	Sheet1	註解	3. ALL SURFACE...
1	1.5	Sheet1	註解	4. SANDBLAST B...
1	1.6	Sheet1	註解	5. APPLY THREE ...
2	2	Sheet1	尺寸	6.35
3	3.1	Sheet1	尺寸	R 5.50 ⊔ Ø.433 ...
3	3.2	Sheet1	尺寸	R 5.50 ⊔ Ø.433 ...
4	4	Sheet1	尺寸	12.70
5	5	Sheet1	尺寸	34.93
6	6	Sheet1	尺寸	57.15
7	7	Sheet1	尺寸	60.33
8	8	Sheet1	尺寸	Ø 8.992
9	9	Sheet1	GTOL	⊕ Ø.010 Ⓜ A B C
10	10	Sheet1	尺寸	45.00°
11	11	Sheet1	尺寸	25.40
12	12	Sheet1	GTOL	⊕ Ø.010 Ⓜ B A C
13	13	Sheet1	尺寸	R 25.27
14	14	Sheet1	尺寸	60.33

提示 不勾選**鎖住零件號球**選項,才能對零件號球重新編號。

STEP **13** 重新定位零件號球

點選**加入/編輯零件號球** 🔘 。

清除**旋轉以符合特性**。

清除**將零件號球附加至特性**。

點選 OK ✔ 。

零件號球的文字將不再隨特性值旋轉。

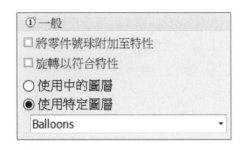

透過點選與拖曳任何零件號球,將重疊或遮住其他特徵到新位置來重新定位。

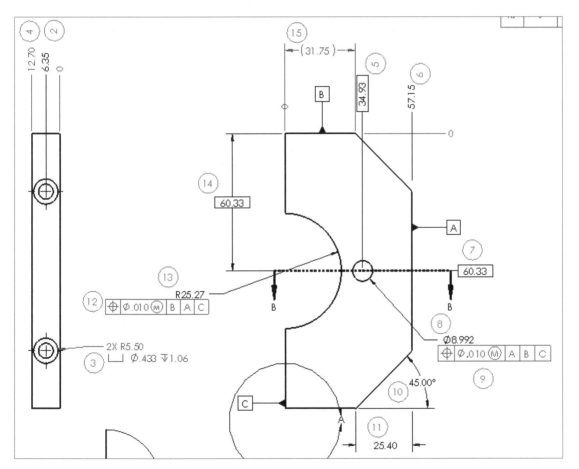

1.4.5　多重特性副本

具有多個副本的特性可以合併成單個特性，反之，可以將具有兩個或更多數量的單個特性分解，以將特性拆分為多個副本。這是在**特性資訊**設定中勾選**為每個副本產生**時的行為。

要將多個副本合併為單個特性，請先使用Ctrl鍵複選特性副本→右鍵點選並選擇**Grouping**→**合併特性**。

要將特性分解為多個副本，請右鍵點選特性欄位中的特性值並選擇**Grouping**→**每個副本產生特性**。

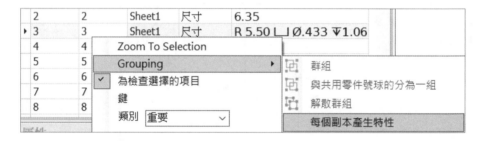

STEP 14　合併特性

選擇特性3.1與3.2的兩個沉頭孔副本。

注意該工程圖尺寸字首標示有2X，表示有兩個副本。

右鍵點選並選擇 **Grouping→合併特性**。

沉頭孔的兩個副本現在在**特性**欄位中共享一個特性。在**屬性**窗格中**數量**現在顯示為2，而不是像之前一樣每個副本數量顯示為1。

右鍵點選特性編號3，並選擇 **Grouping→每個副本產生特性**來回復成個別特性值。

1.4.6　多行註解

可以分解具有多行的註解以將它們分成多個特性。這是在**擷取設定**中勾選**自動爆炸**的行為。

要將註解分解為多個特性值，請右鍵點選**特性**欄位中的特性，並選擇**爆炸註解**。將出現**爆炸註解**對話框，並在**爆炸註解**對話框的上半部窗格中顯示註解中的所有當前文字。

每一行註解都在對話框下半部窗格的表格中單行顯示。

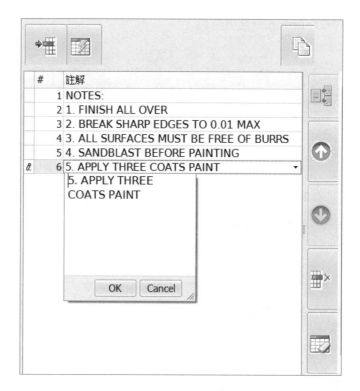

要進行編輯,請點選註解的其中一行並進行編輯,然後在完成編輯後點選 **OK**。

下半部窗格右側的工具可讓您將複選多行合併為一行、透過上下移動行來更改註解順序、刪除一行或刪除所有行。

下半部窗格上方的工具可讓您將上半部窗格中所選中的註解文字增加為新的一行、複製所選文字或爆炸註解。

要將註解分解為單獨的行,請點選 **Auto-explode note**,然後點選**儲存**。

要將所有行合併為一個註解,請按住 Shift 鍵選擇所有行,並點選**合併行**,然後點選**儲存**。

STEP 15 合併註解

要將註解合併為單個特性,請右鍵點選註解特性值,然後點選**爆炸註解**。

ID#	特性編號	圖頁	類型	規格
▶ 1	1.1	Sheet1	註解	NOTES:
1	1.2		Zoom To Selection	ALL ...
1	1.3		爆炸註解...	SHA...
1	1.4		Grouping	▶ RFAC...

在爆炸註解對話框內，按住 Shift 鍵選擇所有 6 行註解，並點選**合併行**⊞→點選**儲存**。

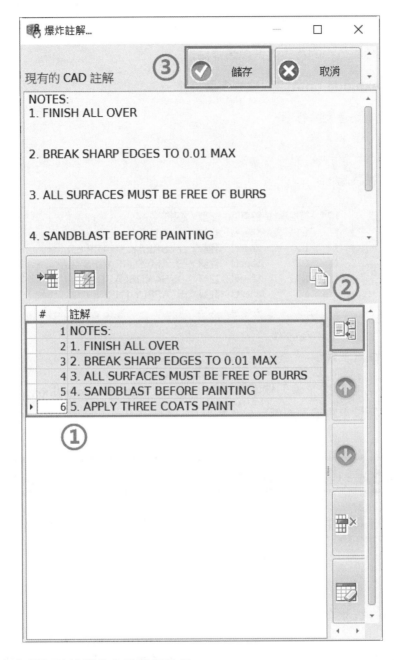

註解現在合併為**特性**欄位中的單個特性。

ID#	特性編號	圖頁	類型	規格
1	1	Sheet1	註解	NOTES:
2	2	Sheet1	尺寸	6.35

STEP 16 刪除註解

要刪除註解的第一行，請將註解分解為多個特性。

右鍵點選**特性**欄位中的特性並選擇**爆炸註解**。

點選 **Auto-explode note** ⊞ 以建立多個特性。

選擇第一行並點選**刪除行** ⊞×。

點選**儲存**。

該註解已經被移除。

ID#	特性編號	圖頁	類型	規格
1	1.1	Sheet1	註解	1. FINISH ALL OVER
1	1.2	Sheet1	註解	2. BREAK SHARP ED...
1	1.3	Sheet1	註解	3. ALL SURFACES M...
1	1.4	Sheet1	註解	4. SANDBLAST BEFO...
1	1.5	Sheet1	註解	5. APPLY THREE CO...
2	2	Sheet1	尺寸	6.35

STEP 17 儲存專案檔

點選**檔案→另存新檔**並輸入**檔案名稱**為：clamp, right bottomballooned.SLDDRW。零件號球、特性值與設定將被一起儲存於工程圖中。

1.5 輸出檢查資料

一旦擷取了工程圖中的所有特性，就可以輸出工程圖以用於檢查作業上。這裡有多種輸出選項：

⬢ **PDF** 🗎

輸出含有零件號球的工程圖為 2D PDF。

> 提示　如果為 SOLIDWORKS 零件或組合件檔案加入零件號球，且 SOLIDWORKS MBD 是可用，則您可以選擇將文件輸出為 3D PDF。

指令TIPS 輸出至 **2D PDF** 或輸出至 **3D PDF**

- CommandManager：**SOLIDWORKS Inspection→輸出至 2D PDF** 或輸出至 **3D PDF**。
- 功能表：**工具→SOLIDWORKS Inspection→輸出至 2D PDF** 或輸出至 **3D PDF**。

⬡ eDrawing

輸出有加上零件號球的檔案為 eDrawing 文件。

指令TIPS 輸出至 **eDrawing**

- CommandManager：**SOLIDWORKS Inspection→輸出至 eDrawing**。
- 功能表：**工具→SOLIDWORKS Inspection→輸出至 eDrawing**。

⬡ Excel

特性資訊可以輸出為 Microsoft Excel 工作表（FAI 報告）或其他自訂檢查報表。

指令TIPS 輸出至 **Excel**

- CommandManager：**SOLIDWORKS Inspection→輸出至 Excel**。
- 功能表：**工具→SOLIDWORKS Inspection→輸出至 Excel**。

⬡ 輸出 **SOLIDWORKS Inspection 專案**

此專案可以輸出為 SOLIDWORKS Inspection 專案（*.ixprj），以便可以在 SOLIDWORKS Inspection 單機版應用程式中開啟。

SOLIDWORKS Inspection 單機版應用程式經常被品保人員用來輸入量測值和輸入 CMM 結果。

指令TIPS 輸出 **SOLIDWORKS Inspection 專案**

- CommandManager：**SOLIDWORKS Inspection→輸出 SOLIDWORKS Inspection 專案**。
- 功能表：**工具→SOLIDWORKS Inspection→輸出 SOLIDWORKS Inspection 專案**。

STEP 18　輸出至 PDF

點選**輸出至 2D PDF** 📄 。

指向到合適的資料夾，並將 PDF 保存為 clamp, right bottom-ballooned.pdf，將帶有零件號球的工程圖將輸出為 PDF 文件。

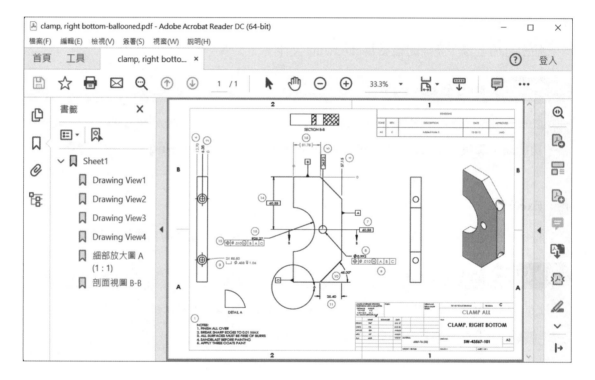

STEP 19　輸出至 Microsoft Excel

點選**輸出至 Excel** 📊 。

選擇 AS9102.xlt 範本，並點選**確定**。

檢查報告被輸出為 Excel。

	First Article Inspection Report											
	Form 3: Characteristic Accountability, Verification and Compatibility Evaluation											
1. Part Number						2. Part Name				3. Serial/Lot Number		4. FAI Report
SW-43567-101						CLAMP, RIGHT BOTTOM						0
Characteristic Accountability							Inspection / Test Results			Other Fields		
5. Char No.	6. Reference Location	7. Characteristic Designator	8. Requirement		8a. UoM	8b. Upper Limit	8c. Lower Limit	9. Results	10. Designed Tooling	11. Non-Conformance Number	14. Notes	
1.1		NA	NOTES:									
1.2		NA	1. FINISH ALL OVER									
1.3		NA	2. BREAK SHARP EDGES TO 0.01 MAX									
1.4		NA	3. ALL SURFACES MUST BE FREE OF									
1.5		NA	4. SANDBLAST BEFORE PAINTING									
1.6		NA	5. APPLY THREE COATS PAINT									
2		Length	6.35		mm	6.50	6.20					
3.1		Diameter	R 5.50 ⊔ Ø.433 ⊽1.06		mm	5.65	5.35					
3.2		Diameter	R 5.50 ⊔ Ø.433 ⊽1.06		mm	5.65	5.35					
4		Length	12.70		mm	12.85	12.55					
5		Length	34.93		mm	BASIC	BASIC					
6		Length	57.15		mm	57.30	57.00					
7		Length	60.33		mm	BASIC	BASIC					
8		Diameter	Ø 8.992		mm	8.992	8.992					
9		Position	⊕ Ø.010 Ⓜ A B C				0.010	0				

儲存報告為 clamp, right bottom-FAIR.xlsx，並離開 Microsoft Excel。

STEP 20 輸出檢查專案

點選**輸出 SOLIDWORKS Inspection 專案** 。

指向到合適的資料夾，並點選**存檔**。

C 技巧

輸出為 SOLIDWORKS Inspection 專案後，產生的專案檔將具有 .ixprj 副檔名。它是在 SOLIDWORKS Inspection 單機版應用程式中使用專案所需的唯一檔案。

1.6 設計變更

設變是任何設計週期中正常的一部分。SOLIDWORKS Inspection 會自動識別對現有特性值所做的更改，例如：對尺寸值的更改。但是，如果將新尺寸加入到工程圖中，則您需要更新 SOLIDWORKS Inspection 專案來為物件加入零件號球。同樣，如果工程圖中刪除了尺寸，您也需要更新 SOLIDWORKS Inspection 專案。

指令TIPS 更新檢查專案

* CommandManager：**SOLIDWORKS Inspection**→**更新檢查專案**。
* 功能表：**工具**→**SOLIDWORKS Inspection**→**更新檢查專案**。

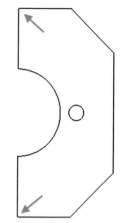

STEP> 21 修改零件

從 Lesson01\Case Study 資料夾中開啟 clamp, right bottom. SLDPRT。

加入 1mm 的圓角於圖示中的兩個角落。

儲存並關閉該零件。

回到工程圖,為其圓角加入尺寸。

移除位於基準 A 下方靠近剖面線 B-B 的基本尺寸 60.33。

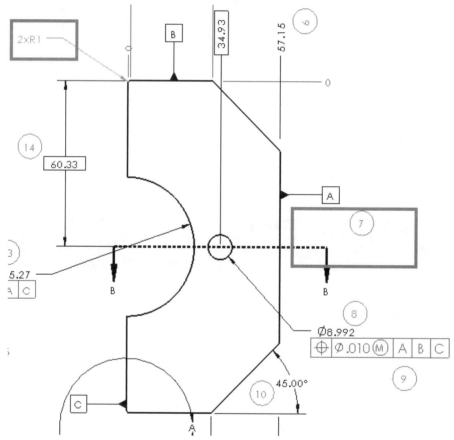

STEP> 22 更新專案

在最後一次設計變更後來更新檢查專案。

點選**更新檢查專案** 🔊 。

特性欄位將會更新並反白強調出更改處。

已刪除的特性以紅色強調。

新特性將以綠色強調。

ID#	特性編號	圖頁	類型	規格
1	1.3	Sheet1	註解	2. BREAK SHARP ...
1	1.4	Sheet1	註解	3. ALL SURFACES...
1	1.5	Sheet1	註解	4. SANDBLAST B...
1	1.6	Sheet1	註解	5. APPLY THREE ...
2	2	Sheet1	尺寸	6.35
3	3.1	Sheet1	尺寸	R 5.50 ⊔ Ø.433 ...
3	3.2	Sheet1	尺寸	R 5.50 ⊔ Ø.433 ...
4	4	Sheet1	尺寸	12.70
5	5	Sheet1	尺寸	34.93
6	6	Sheet1	尺寸	57.15
7	7	Sheet1	尺寸	60.33
8	8	Sheet1	尺寸	Ø 8.992
9	9	Sheet1	GTOL	⊕ Ø0.010ⓂA B C
10	10	Sheet1	尺寸	45.00°
11	11	Sheet1	尺寸	25.40
12	12	Sheet1	GTOL	⊕ Ø0.010ⓂB A C
13	13	Sheet1	尺寸	R 25.27
14	14	Sheet1	尺寸	60.33
		Sheet1	尺寸	R 1
		Sheet1	尺寸	R 1

STEP 23 接受更新

若要接受設計變更，請右鍵點選反白強調的特性，並選擇**接受此註記變更**以接受所選特性的變更，或**接受工程圖中的所有註記變更**以變更所有反白強調色彩的特性值。

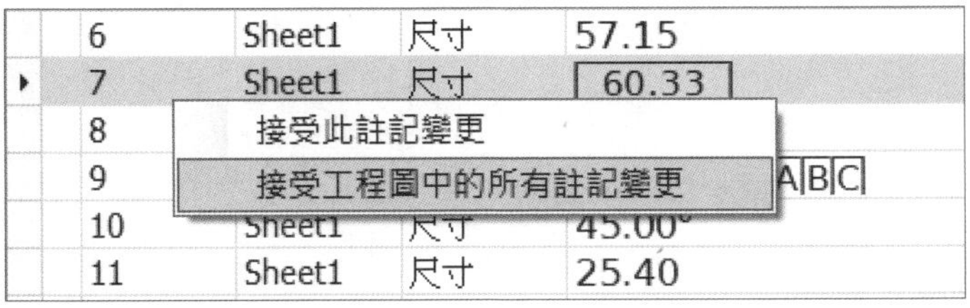

6	Sheet1	尺寸	57.15	
▶ 7	Sheet1	尺寸	60.33	
8	接受此註記變更			
9	接受工程圖中的所有註記變更			A B C
10	Sheet1	尺寸	45.00°	
11	Sheet1	尺寸	25.40	

右鍵點選反白強調的特性之一，然後選擇**接受工程圖中的所有註記變更**。

點選**檔案→另存新檔→**並輸入**新檔名：**clamp, right bottom-modified.SLDDRW，關閉此工程圖。

1.7 手動零件號球

雖然自動零件號球可以節省時間，但有時也是需要選擇性的來產生零件號球。當產生檢查專案內的特性資訊中擷取設定選擇為**手動**，代表只有被選定的特性會產生零件號球，並且按選定的順序來編碼。

要手動加入特性值的話，請選擇**加入特性**來點選每一個要被檢查的特性值。可以一次選擇一個特性，也可以一次性框選多個特性來加入多個特性值。

指令TIPS 加入特性

- CommandManager：**SOLIDWORKS Inspection**→加入特性 。
- 功能表：**工具**→**SOLIDWORKS Inspection**→加入特性。

STEP 24 開啟工程圖

從Lesson01\Case Study資料夾中開啟BentBracket.SLDDRW。

STEP 25 建立檢查專案

點選**新增檢查專案** 。

專案範本選擇對話框出現。

我們要使用事前建立的自訂專案範本。

點選SWI-CustomTemplate並點選**確定**。

與專案相關的屬性將被直接連結並顯示。並根據需求修改零件、文件、供應商和工作編號的屬性值。

在特性資訊欄位中設定**擷取**方式為**手動**。

取消勾選**自動零件號球**。

在**取樣**欄位中，設定類型為**標準**並設定**AQL**為**2.5**。

點選**確定**。

特性資訊	
開始編號	1
排序	使用者定義
類別	重要
擷取	手動
☑ 為每個副本產生	
☐ 自動零件號球	
☐ 鎖住零件號球	
取樣	
批量大小	200
層級	II
類型	標準
AQL	2.5

STEP **26** 擷取特性

點選**加入特性** 🔲。

在上視圖中選擇 290.00 尺寸。

請注意，該特性已加入到特性欄位中，但該尺寸並未被標上零件號球顯示。那是因為我們取消勾選了**自動零件號球**選項。

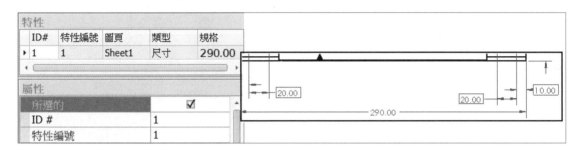

繼續增加特性。

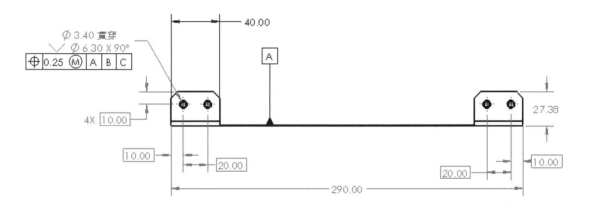

在上視圖中選擇 27.38 尺寸。

在上視圖中選擇 40.00 尺寸。

在上視圖中選擇孔標註尺寸。

在上視圖中選擇與孔標註尺寸連結的幾何公差。

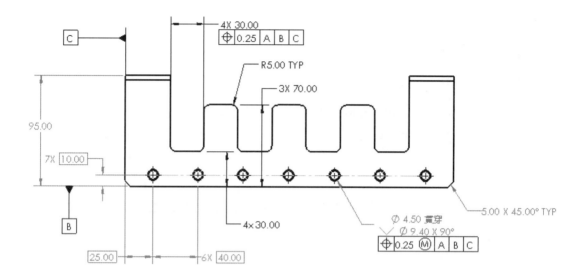

在前視圖中選擇95.00尺寸。

在前視圖中選擇R5.00 TYP尺寸。

要移除某一個特性,請再點一下該特性值。

再次選擇R5.00 TYP尺寸。

可以看到該特性值已被移除特性欄位中。

在前視圖中選擇3X 70.00尺寸。

STEP 27 建立零件號球

點選**加入/編輯零件號球**,並選擇所需的號球設定選項。

點選**確定**來建立零件號球。

零件號球現在是可見的,並會根據預設設定的偏移位置自動出現於所選特性值的左上方。

再來手動拖曳零件號球至新的位置即可。

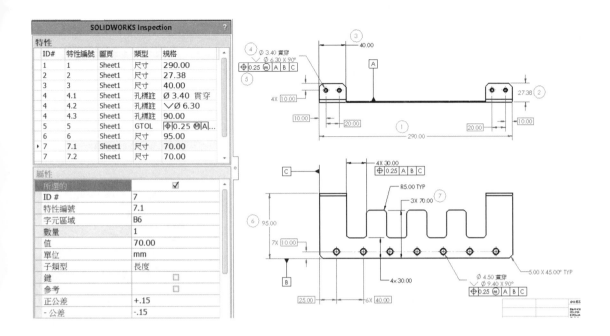

STEP **28** 儲存工程圖

點選**檔案→另存新檔**，並且將工程圖命名為 BentBracket-ballooned.SLDDRW。

STEP **29** 輸出專案

點選**輸出 SOLIDWORKS Inspection 專案** 🔲。

指向到合適的資料夾，並將專案另存為 BentBracket-ballooned.ixprj。

關閉工程圖與 SOLIDWORKS 主程式。

STEP **30** 於單機版應用程式中開啟專案檔

執行 SOLIDWORKS Inspection 單機版應用程式 🔲。

點選**檔案→開啟專案**。

從 Lesson01\Case Study\Completed Case Study 資料夾中開啟 BentBracket-ballooned.ixprj。

該專案檔將被單機版程式開啟。

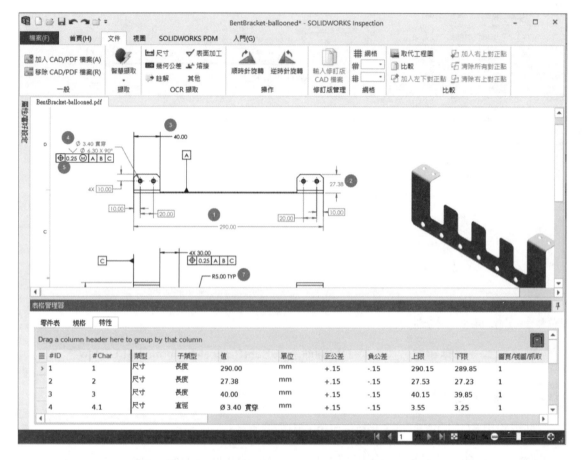

SOLIDWORKS Inspection單機版應用程式將在下一章中介紹。它可讓非CAD使用者修改現有的檢查專案文件或建立新的檢查文件。

關閉專案和單機版應用程式。

1.8 使用3D檔案作業

使用者可以使用SOLIDWORKS零件和組合件檔案（*.sldprt、*.sldasm）建立完整的檢查報告。

如果零件或組合件包含3D註解或產品製造資訊（PMI），使用者可以建立一個新的檢查專案，並擷取所需要的所有資訊以用於檢查表單。

◆ **操作過程**

該過程類似於使用2D工程圖（＊.slddrw）。

1. 建立一個新的檢查專案。

2. 定義專案設定和擷取設定。將選項設置為：包括或排除尺寸、註解、GDT、孔標註等。

3. SOLIDWORKS Inspection會自動將零件號球加入到產品製造資訊（PMI）。

4. 與使用SOLIDWORKS工程圖類似，特性列在特性欄位中，您可以修改每個特性值的屬性，以包括例如：操作、類別、方法等附加資訊，或根據需要對特性重新排序。

5. 當完成標註特性零件號球後，專案資訊可以輸出為3D PDF、XML和Excel。

STEP 31 開啟零件檔

從Lesson01\Case Study資料夾中開啟Support_MBD.SLDPRT。

STEP 32 建立檢查專案

點選**新增檢查專案** 📝 。

出現**專案範本選擇**對話框。

於專案設定點選ANSI B4.1 IT7.swidot範本，使其成為啟用中範本。

點選**確定**。

STEP 33 設置檢查專案屬性與設定

設定零件屬性如下圖所示：

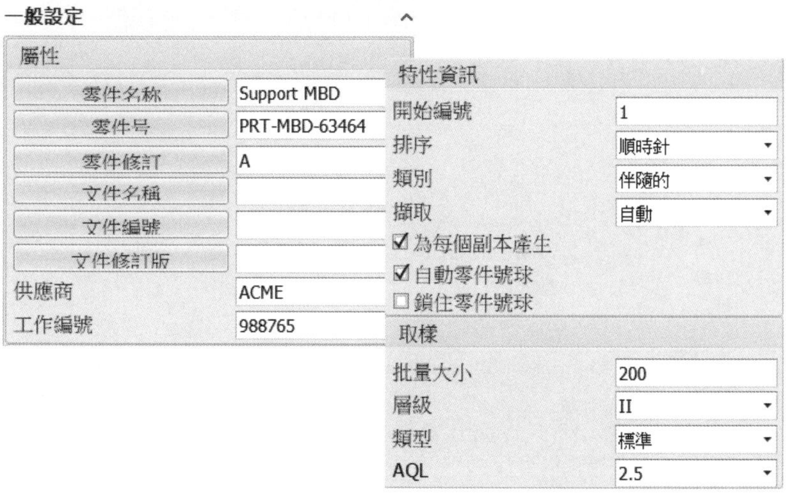

設置擷取設定與公差設定如下圖所示：

擷取設定	∧

尺寸
- ☑ 包括
  - ☐ 僅限檢查
  - ☑ 參考
  - ☑ 基本
  - ☑ 特徵
- ☐ 次要單位
- ☑ 重置值
- ☑ 分割導角尺寸

註解
- ☑ 包括
  - ☐ 圖頁格式
- ☑ 自動爆炸

擷取準則

GDT
- ☑ 包括

孔標註
- ☑ 包括
  - ☑ 僅限檢查
  - ☑ 參考
  - ☑ 基本
- ☑ 自動爆炸

鑽孔表格
- ☑ 包括

熔接
- ☑ 包括

表面加工
- ☑ 包括

公差設定	∧

類型
- ◉ 依精度
- ○ 依範圍

單位

毫米 ▼

使用中的文件單位： 毫米

格式

小數

	線性	角	
精度	正公差	負公差
0	+0.5	-0.5
1	+0.03	-0.03
2	+0.001	-0.002
3	+0.0005	-0.0005
4	+0.00005	-0.00005
5	0	0
6	0	0
7	0	0
8	0	0

點選**確定**。

STEP 34 審查結果

特性值將被自動擷取,並依據每個專案與擷取設定規則來標註零件號球。

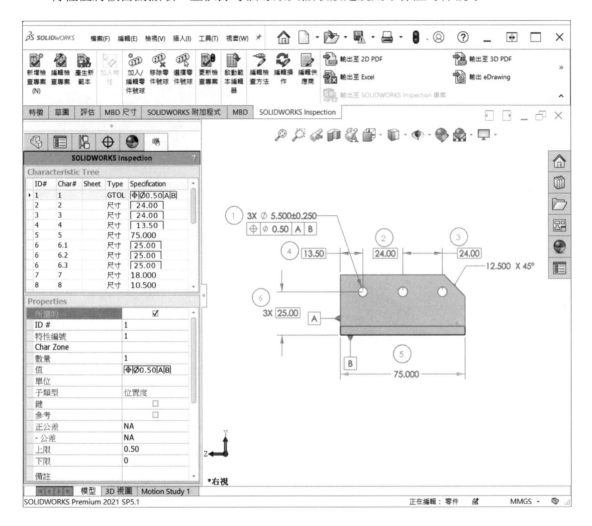

STEP 35 輸出 PDF

點選**輸出至 3D PDF** 📇 。

指向到合適的資料夾,並將 PDF 另存為 Support_MBD-ballooned.pdf。

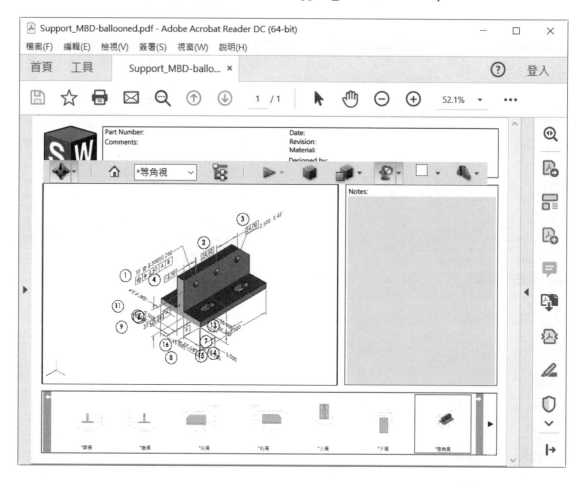

> **提示** 可以客製 3D PDF 範本以滿足您的需求。請參閱 SOLIDWORKS MBD、3D PDF 範本編輯器以得到相關更多資訊。

STEP 36 輸出至微軟 Excel

點選輸出至 Excel 。

選擇 AS9102.xlt 範本並勾選**多圖頁**，然後點選**確定**。

指向到合適的資料夾，並另存 Excel 檔名為 Support_MBD-FAIR.xls。

檢查表單已被輸出完畢。

	5. Char No.	6. Reference Location	7. Characteristic Designator	8. Requirement	8a. UoM	8b. Upper Limit	8c. Lower Limit	9. Results	10. Designed Toolir
				First Article Inspection Report					
				Form 3: Characteristic Accountability, Verification and Compatibility Evalua					
	1. Part Number						2. Part Name		
	PRT-MBD-63464						Support MBD		
			Characteristic Accountability					Inspection / Te	
9	1		Position	⊕Ø0.50A B		0.50	0		
10	2		Length	24.00	mm	BASIC	BASIC		
11	3		Length	24.00	mm	BASIC	BASIC		
12	4		Length	13.50	mm	BASIC	BASIC		
13	5		Length	75.000		75.500	74.500		
14	6.1		Length	25.00	mm	BASIC	BASIC		
15	6.2		Length	25.00	mm	BASIC	BASIC		
16	6.3		Length	25.00	mm	BASIC	BASIC		
17	7		Length	39.000	mm	39.500	38.500		
18	8.1		Length	6.000	mm	6.250	5.750		
19	8.2		Length	6.000	mm	6.250	5.750		
20	8.3		Length	6.000	mm	6.250	5.750		
21	8.4		Length	6.000	mm	6.250	5.750		
22	9.1		Length	15.000	mm	15.500	14.500		
23	9.2		Length	15.000	mm	15.500	14.500		
24	9.3		Length	15.000	mm	15.500	14.500		
25	9.4		Length	15.000	mm	15.500	14.500		
26	10		Length	35.000	mm	35.500	34.500		

Form1 | Form2 | Form3

練習 1-1 特性零件號球

建立一個檢查專案，並使用 SOLIDWORKS Inspection 的自動化工具，為工程圖中的特性值加入零件號球，包括尺寸和註解。

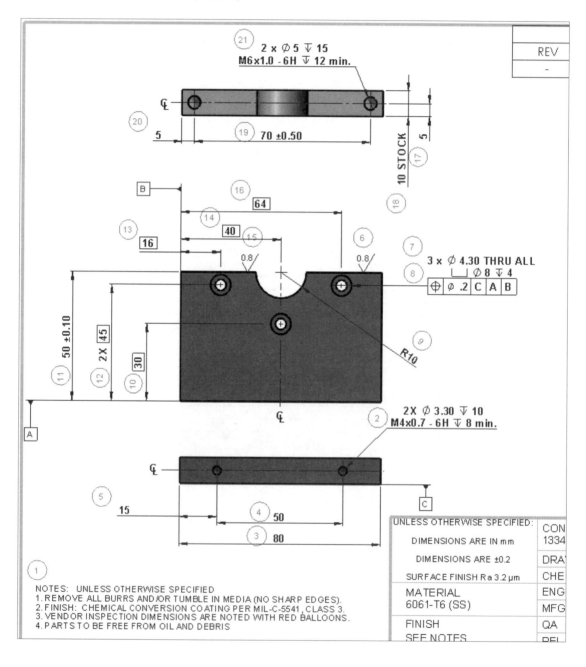

此範例將增強您以下技能：

- 建立檢查專案
- 連結自訂屬性
- 零件號球設定

操作步驟

STEP 1　建立一個新專案

使用工程圖 BottomMotorClamp.SLDDRW，並選擇專案範本 ANSI B4.1 IT7.swidot。

STEP 2　設置專案設定

連結模型的自訂屬性：

- 零件名稱→ Description。
- 零件號→ Number。
- 零件修訂→ Revision。

連結工程圖的自訂屬性：

- 文件名稱→ Description。
- 文件編號→ DrawingNo。
- 文件修訂版→ Revision。

設定特性資訊與取樣屬性如右圖所示：

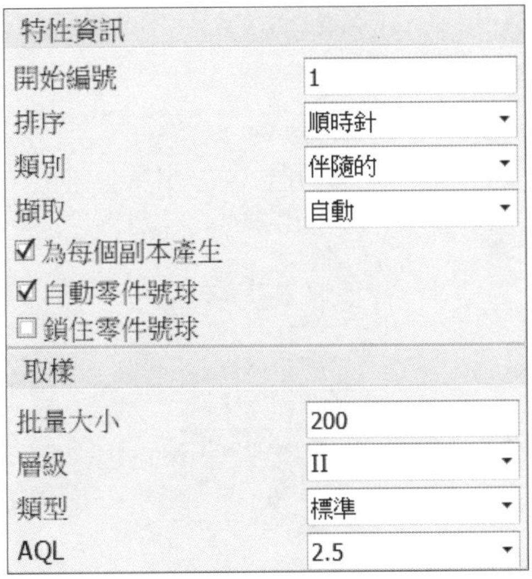

特性資訊	
開始編號	1
排序	順時針
類別	伴隨的
擷取	自動
☑ 為每個副本產生	
☑ 自動零件號球	
☐ 鎖住零件號球	
取樣	
批量大小	200
層級	II
類型	標準
AQL	2.5

設置擷取設定與公差設定如下圖所示：

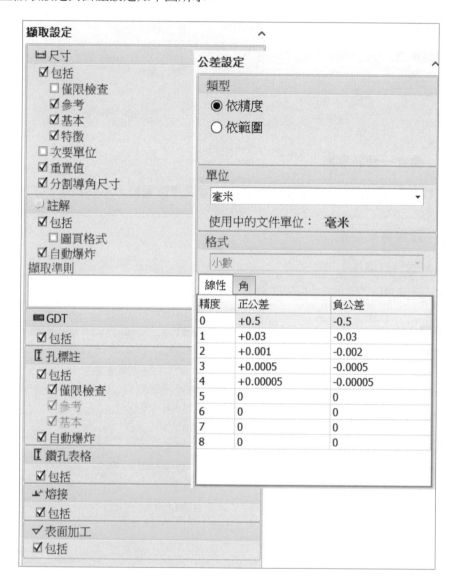

點選**確定**。

STEP 3 標註尺寸與註解零件號球

調整任何與尺寸、幾何公差或其他工程圖特性重疊的零件號球位置。零件號球及其相關特性之間的位置關係應近似於工程圖中的相對位置。

STEP 4 儲存檔案並關閉

練習 1-2 發佈報告和輸出專案

將帶零件號球的工程圖導出為PDF，並以Microsoft Excel格式輸出檢查表單。輸出檢查專案以供在SOLIDWORKS Inspection單機版應用程式中使用。

此範例將增強您以下技能：

- 輸出PDF
- 輸出至微軟Excel
- 輸出Inspection專案

操作步驟

STEP 1 開啟一個有標註零件號球的工程圖

從Lesson01\Exercises\Exercise02資料夾中開啟BottomMotorClamp.SLDDRW。

STEP 2 輸出

輸出為2D PDF。

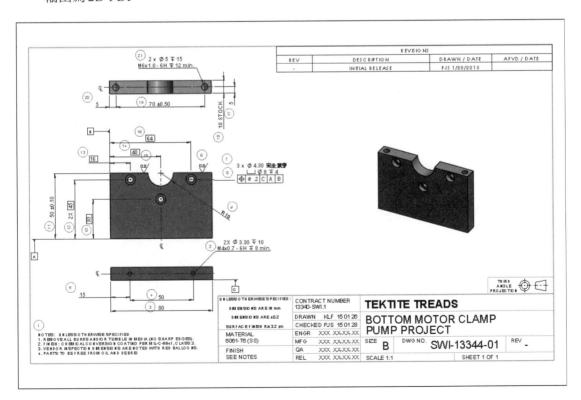

使用 AS9102 報告範本，並勾選**多圖頁**來輸出 Excel。

	A	B	C	D	E	F	G	H	I	J	K	L	M
1													
2					First Article Inspection Report								
3					Form 3: Characteristic Accountability, Verification and Compatibility Evaluation								
4		1. Part Number							2. Part Name			3. Serial/Lot Number	4. FAI Report
5		SWI-13344-01							BOTTOM MOTOR CLAMP				0
6				Characteristic Accountability						Inspection / Test Results		Other Fields	
7		5. Char No.	6. Reference Location	7. Characteristic Designator	8. Requirement	8a. UoM	8b. Upper Limit	8c. Lower Limit	9. Results	10. Designed Tooling	11. Non-Conformance Number	14. Notes	
8													
9		1		NA	NOTES: UNLESS OTHERWISE SPECIFIED								
10		1		NA	1. REMOVE ALL BURRS AND/OR TUMBLE								
11		1		NA	2. FINISH: CHEMICAL CONVERSION								
12		1		NA	3. VENDOR INSPECTION DIMENSIONS								
13		1		NA	4. PARTS TO BE FREE FROM OIL AND								
14		2.1		TapDrillDiameter	Ø 3.30	mm	3.301	3.298					
15		2.2		TapDrillDiameter	Ø 3.30	mm	3.301	3.298					
16		2.3		TapDrillDepth	▼ 10.00	mm	10.001	9.998					
17		2.4		TapDrillDepth	▼ 10.00	mm	10.001	9.998					
18		2.5		ThreadDescription	M4 0.7	mm	NA	NA					
19		2.6		ThreadDescription	M4 0.7	mm	NA	NA					
20		2.7		ThreadDepth	▼ 8.00	mm	NA	8.00					
21		2.8		ThreadDepth	▼ 8.00	mm	NA	8.00					
22		3		Length	80	mm	80.001	79.998					
23		4		Length	50	mm	50.001	49.998					
24		5		Length	15	mm	15.001	14.998					
25		6		NA	Maximum Roughness: 0.8	um							
26		7.1		ThruHoleDiameter	Ø 4.30 THRU ALL	mm	4.301	4.298					

Form1 | Form2 | **Form3** | +

STEP 3 開啟報告

開啟 Excel 檢查表單。

STEP 4 設定小數位數

確保表單內儲存格中設定的小數位數可以在不四捨五入的情況下顯示尺寸。

STEP 5 查看 Results 欄內的表現

在 Results 欄中輸入一些值來測試通過／失敗／邊界的通過狀態顯示。

STEP 6 儲存並關閉 Excel

STEP 7 儲存並關閉 SOLIDWORKS

練習 1-3 擷取並輸出 3D 零件

建立一個檢查專案,並使用SOLIDWORKS Inspection的自動化工具來為零件中的特性值加入零件號球。

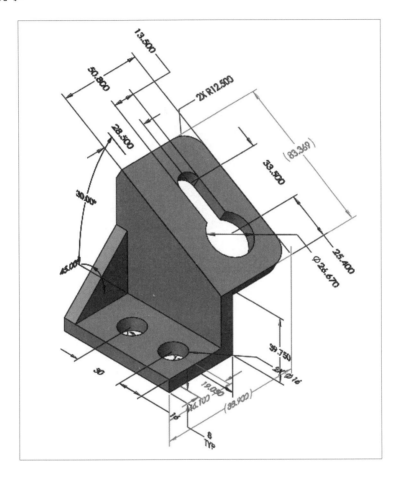

此範例將增強您以下技能:

● 使用3D檔案作業

操作步驟

STEP 1 建立一個新專案

使用MBDPart.SLDPRT零件檔,並使用ANSI B4.1 IT7.swidot檢查範本。

STEP 2　設置專案設定

連結模型的自訂屬性：

- 零件名稱→ Description。
- 零件號→ Number。
- 零件修訂→ Revision。

設定屬性、特性資訊與取樣如下圖所示：

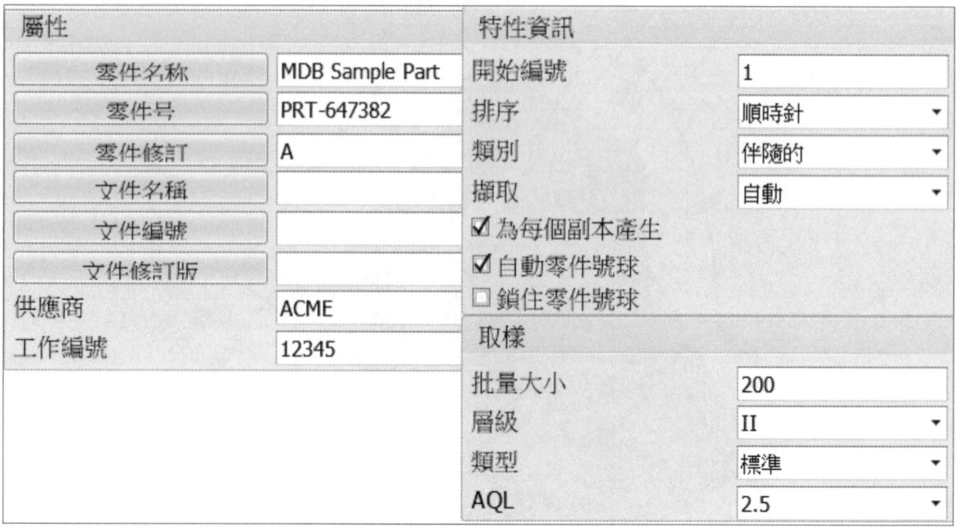

屬性		特性資訊	
零件名稱	MDB Sample Part	開始編號	1
零件号	PRT-647382	排序	順時針 ▼
零件修訂	A	類別	伴隨的 ▼
文件名稱		擷取	自動 ▼
文件編號		☑ 為每個副本產生	
文件修訂版		☑ 自動零件號球	
供應商	ACME	☐ 鎖住零件號球	
工作編號	12345	取樣	
		批量大小	200
		層級	II ▼
		類型	標準 ▼
		AQL	2.5 ▼

設置擷取設定與公差設定如下圖所示：

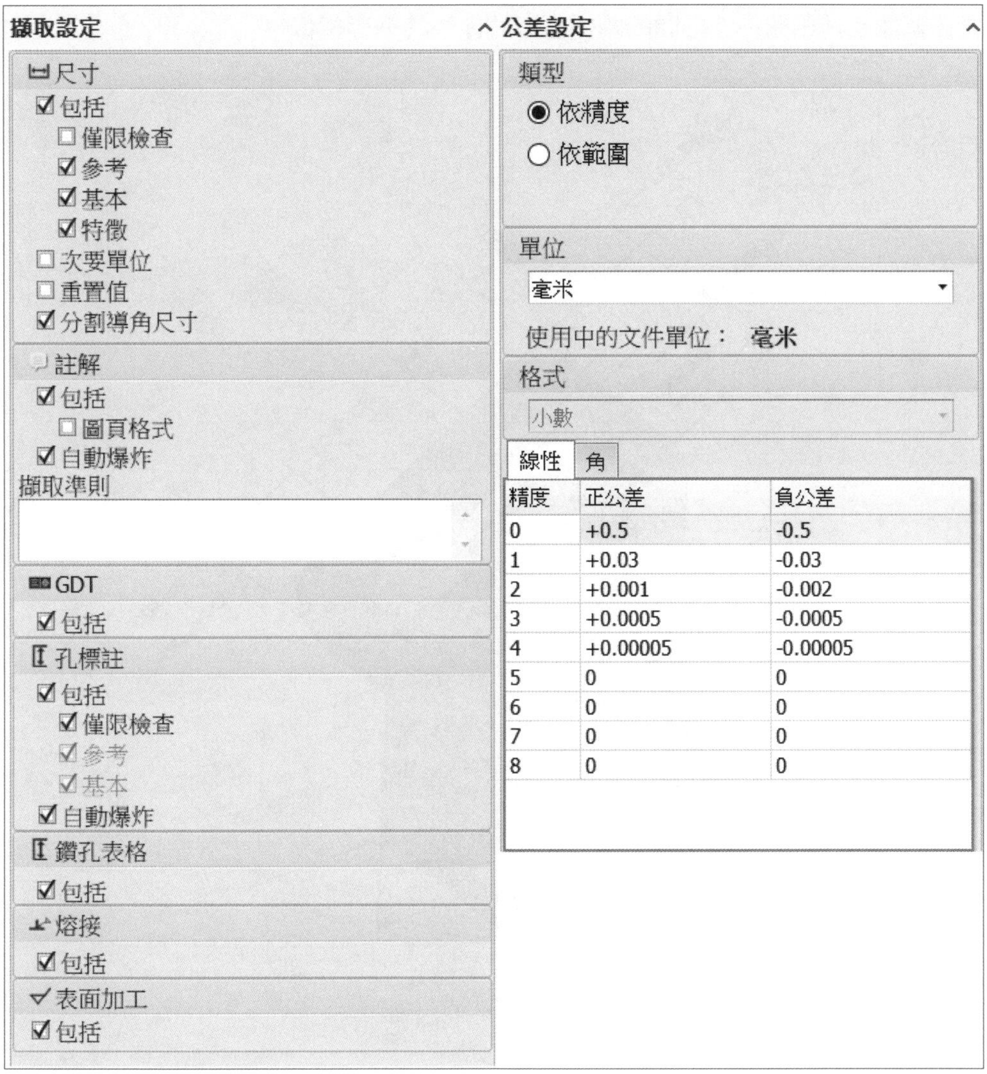

擷取設定	公差設定

擷取設定

◻ 尺寸
　☑ 包括
　　☐ 僅限檢查
　　☑ 參考
　　☑ 基本
　　☑ 特徵
　☐ 次要單位
　☐ 重置值
　☑ 分割導角尺寸

⌐ 註解
　☑ 包括
　　☐ 圖頁格式
　☑ 自動爆炸
擷取準則

▭▭ GDT
　☑ 包括

Ⅱ 孔標註
　☑ 包括
　　☑ 僅限檢查
　　☑ 參考
　　☑ 基本
　☑ 自動爆炸

Ⅱ 鑽孔表格
　☑ 包括

↙ 熔接
　☑ 包括

✓ 表面加工
　☑ 包括

公差設定

類型
　◉ 依精度
　○ 依範圍

單位

毫米

使用中的文件單位： 毫米

格式

小數

線性	角

精度	正公差	負公差
0	+0.5	-0.5
1	+0.03	-0.03
2	+0.001	-0.002
3	+0.0005	-0.0005
4	+0.00005	-0.00005
5	0	0
6	0	0
7	0	0
8	0	0

點選**確定**。

STEP 3 標註尺寸與註解零件號球

零件號球及其相關特性之間的關係應與圖像中的圖形相似。

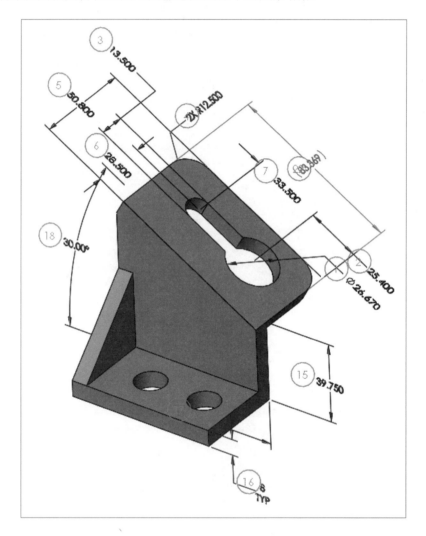

STEP 4 輸出 3D PDF

輸出為有零件號球的 3D PDF。

STEP 5 輸出為 Excel

輸出 FAI Excel 表單。

STEP 6 儲存並關閉

02

單機版應用程式

 順利完成本章課程後,您將學會:

- 安裝 SOLIDWORKS Inspection 單機版應用程式
- 建立一個檢查專案
- 設定檢查專案選項
- 從圖面中擷取特性值
- 查看和修改檢查特性資料
- 輸出帶有零件號球的圖面
- 產生和輸出檢查報告
- 加載 SOLIDWORKS PDM 附加程式

2.1 概述

SOLIDWORKS Inspection 單機版應用程式可讓非 CAD 的使用者，用 PDF 和 TIFF 的工程圖檔來建立帶零件號球的檢查文件和品質檢查報告。

此外，您可以開啟和輸入以下的 2D 和 3D CAD 檔的類型：

- 2D：DWG、DXF、CATIA® V5（.CATDrawing）和 PTC® / CREO 工程圖檔案。
- 3D：CATIA V5（.CATPart、.CATProduct 和 .3DXML）和 PTC / CREO 參數檔案（當檔案輸入專案後，可以擷取 3D 產品製造資訊（PMIs）以建立檢查報告。）

2.2 使用者介面

SOLIDWORKS Inspection 軟體的使用者介面和 Microsoft Windows 作業系統程式類似。主要功能包括：

1. **快速存取工具列**：提供常用指令的快速使用，例如：開啟、關閉和儲存專案。
2. **面板選單**：**首頁**頁籤，其中包含零件號球外觀、註解、選擇、選項和發佈的指令組；**文件**頁籤，包含一般、擷取、OCR 擷取、操作、修訂版管理、網格和比較的指令組；**視圖**頁籤，包含註記顯示、圖頁、縮放和顯示的指令組；**入門**頁籤，提供對**說明**的讀取。
3. **專案屬性 / 特性窗格**：顯示專案和特性值的屬性。
4. **表格管理器**：有**零件表**頁籤、**規格**頁籤，與**特性**頁籤。
5. **文件視窗**：顯示使用中的文件。
6. **狀態列**：包含許多來自工程圖底部檢視功能區的工具。

　　使用者可以依據所需，將軟體窗格拖曳到新的位置，或是拖曳到某一邊緣來重新定位軟體介面呈現的位置。

2.2.1　快速鍵

　　鍵盤快速鍵的使用也可使執行操作更加方便。大多數快速功能可以從SOLIDWORKS Inspection軟體中點選滑鼠右鍵顯示的功能表來使用。下表列出可用的鍵盤快速鍵：

功能（工程圖視窗）	快速鍵
在平移和選擇模式之間切換	【空白鍵】（然後使用滑鼠左鍵拖曳）
縮放	【Ctrl】+【滑鼠滾輪】
移動	【Alt】+【1】 或按著滑鼠滾輪並移動滑鼠
選擇工具	【Alt】+【2】

功能（工程圖視窗）	快速鍵
局部放大	【Alt】+【3】
拉近	【Ctrl】+【+】鍵
拉遠	【Ctrl】+【-】鍵
擷取尺寸	【Ctrl】+【D】
擷取幾何公差	【Ctrl】+【G】
擷取註解	【Ctrl】+【N】
擷取表面加工	【Ctrl】+【F】
擷取熔接符號	【Ctrl】+【W】

功能（多圖頁）	快速鍵
下一頁	【Page Down】或【PgDn】
上一頁	【Page Up】或【PgUp】
回到第一頁	【Home】
回到最後一頁	【End】

功能（表格管理器）	快速鍵
剪下	【Ctrl】+【X】
複製	【Ctrl】+【C】
貼上	【Ctrl】+【V】

2.3 實例研究：檢查專案

在本實例研究中，我們將使用SOLIDWORKS Inspection 單機版應用程式建立一個新的檢查專案和檢查文件。我們將利用強大的光學字元辨識（OCR）和智慧擷取功能來擷取特性。在輸出專案和檢查文件之前，我們也會查看和修改特性屬性。

STEP 1 開啟SOLIDWORKS Inspection

開啟SOLIDWORKS Inspection單機版應用程式 🖼 。

2.4 檢查專案

SOLIDWORKS Inspection會將專案屬性、擷取設定、公差設定和檢查特性數據皆保存在SOLIDWORKS文件中。

指令TIPS 新專案

- 功能表：**檔案→新專案**。
- 快速存取工具列：**新專案**。

2.4.1 專案範本

建立新檢查專案時，必須選擇一個專案範本。專案範本包含預設的量測單位、公差設定、零件號球設定，以及PDF和Excel的輸出設定。SOLIDWORKS Inspection提供了一些預先定義的專案範本。此外，您也可以建立無限數量的自訂檢查專案範本，以滿足您的公司、供應商或客戶的要求。

STEP 2 建立檢查專案

點選**新專案**。

選擇AS9102(Metric).ixpdot範本。

點選**確定**。

STEP 3 開啟文件

開啟檔案對話框，您可選擇要加入到新專案的文件。

您可以選擇所有受支援的檔案選項。

所有受支援的檔案(*.tif;*.tiff;*.pdf;*.3dxml;*.CATProduct;*.CATPart;*.CATDrawing;*.DWG;*.dwg;*.DXF;*.dxf;*.prt;*.prt.*;*.asm;*.asm.*;*.drw;*.drw.*;*.sldprt)
所有受支援的檔案(*.tif;*.tiff;*.pdf;*.3dxml;*.CATProduct;*.CATPart;*.CATDrawing;*.DWG;*.dwg;*.DXF;*.dxf;*.prt;*.prt.*;*.asm;*.asm.*;*.drw;*.drw.*;*.sldprt)
3D 檔案(*.CATPart;*.3dxml;*.CATProduct;*.prt.*;*.asm;*.asm.*;*.prt;*.sldprt)
2D 檔案(*.tif;*.tiff;*.CATDrawing;*.DWG;*.dwg;*.DXF;*.dxf;*.pdf;*.drw;*.drw.*)

從 Lesson02\Case Study 資料夾中開啟 TopMotorClampRev-.PDF。

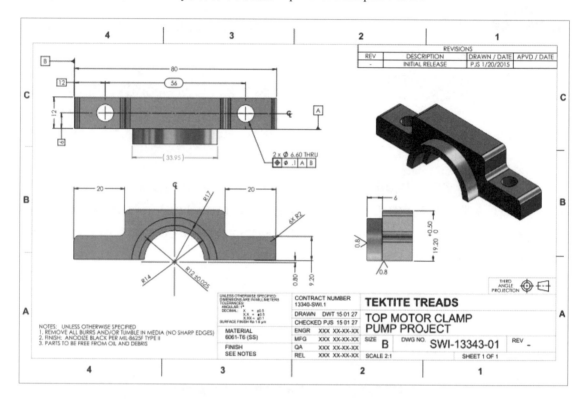

2.4.2 專案屬性

每個專案都有幾個標準**專案屬性**，用於標示與專案相關的零件和文件。此外，可以為專案分配任意數量的**自訂屬性**。提供的專案範本中包含一些自訂屬性，也可以修改或刪除這些自訂屬性，或者您可以根據需要來建立其他自訂屬性。

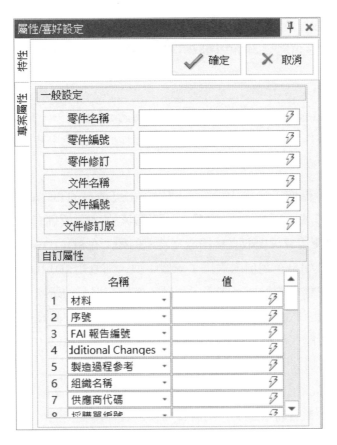

專案屬性內的值可以使用以下的方法來指定：

- **輸入值**：點選一個屬性的文字框並手動輸入屬性值。

- **智慧擷取或光學字元辨識（OCR）**：可點選屬性按鈕來選擇從原CAD內的屬性值，或者智慧擷取是可用的話，點選屬性框後的閃電符號 ⚡ 來從圖面中選擇文字來輸入。

> **提示** 如果所選PDF不支援智慧擷取，智慧擷取按鈕將顯示為禁用。若是此種情況，您將需要使用OCR擷取工具。
>
>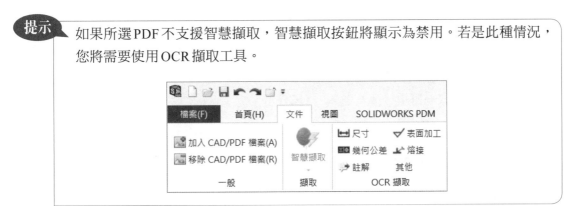

要使用OCR擷取，請點選文字框後的相機 📷 圖示，然後在圖面中的文字周圍拖曳一個矩形來選擇值。文字值將從圖面中擷取辨識，並輸入到選定屬性的文字框中。

◈ 文字擷取

SOLIDWORKS Inspection單機版應用程式的強大功能之一，是它能夠輕鬆地從圖面中擷取文字並在檢查專案中使用它。專案和特性屬性值可以使用智慧擷取或光學字元辨識（OCR）來從圖檔中擷取。

- **智慧擷取**：智慧擷取工具適用於除了圖片、不可搜尋的PDF之外的所有圖檔類型。如果PDF圖檔是使用原始CAD軟體中的可搜索文字選項儲存的，則SOLIDWORKS Inspection可以使用智慧擷取直接擷取文字。例如：在SOLIDWORKS軟體中將工程圖另存為PDF時，如果在選項內選擇了內嵌字型，則原始SOLIDWORKS工程圖中的文字將保存為PDF檔中的可搜尋文字。相反，如果在沒有勾選內嵌字型選項或使用螢幕擷取軟體的情況下將圖面保存為PDF，則產生的PDF檔中將沒有可搜索的文字。雖然智慧擷取工具可能在沒有可搜尋文字的PDF中顯示為可用的，但它可能無法正確讀取這些值。在這些情況下還是建議使用OCR。

- **光學字元辨識（OCR）**：透過在圖面中的一些現有文字周圍拖曳一個矩形來選擇要擷取的值。OCR引擎會將所選文字的圖像轉換為實際的文字值，就如我們在停車場看到的車牌辨識系統一樣，都是使用影像辨識技術的能力來達到。

◈ 光學字元辨識字典

使用OCR時，如果您指定與圖檔中使用的字型最相似的字型字典，文字擷取結果將得到改善。如果您的圖檔圖像解析度至少為300 DPI，並且幾乎沒有或沒有多餘的標記，則結果也會得到改善。

指令TIPS **OCR** 🔍

- 功能表：**檔案→選項→專案選項→OCR**。
- 面板選單：**首頁→選項→專案選項→OCR**。

STEP 4 設定**OCR**選項

點選**檔案→選項→專案選項→OCR**。

於尺寸**OCR**字典選擇**Catia**，且註解**OCR**字典選擇**Standard**。

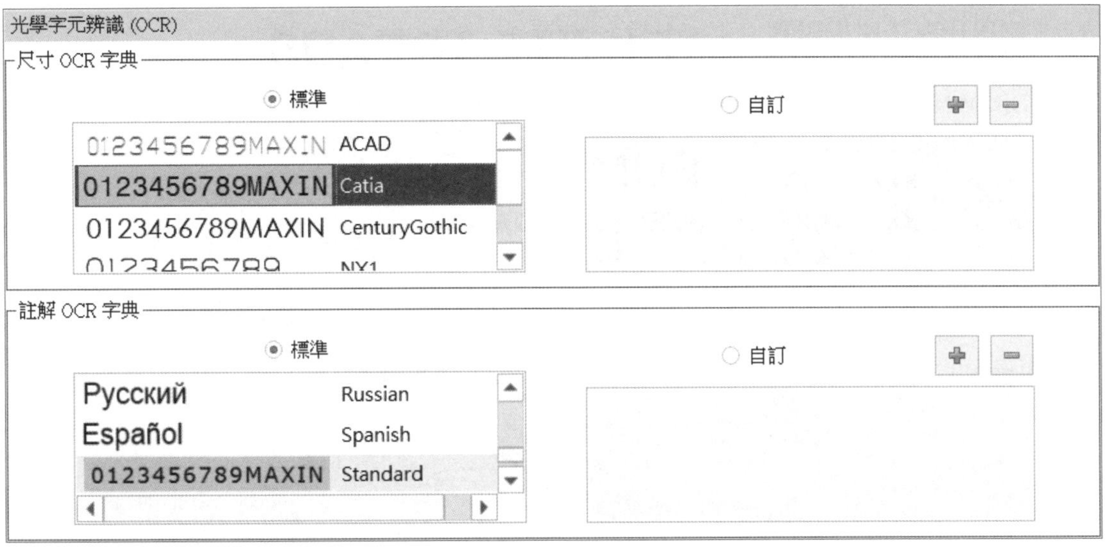

光學字元辨識 (OCR)

尺寸 OCR 字典

◉ 標準　　　　　　　　　　　　　　○ 自訂

0123456789MAXIN	ACAD
0123456789MAXIN	Catia
0123456789MAXIN	CenturyGothic
0123456789	NX1

註解 OCR 字典

◉ 標準　　　　　　　　　　　　　　○ 自訂

Русский	Russian
Español	Spanish
0123456789MAXIN	Standard

點選**確定**。

STEP 5　縮放至標題欄

點選面板選單的**視圖**頁籤。點選**顯示**群組中的**右下**。圖面的右下部將被放大。

或者，使用滑鼠滾輪或點選**顯示**群組中的**局部放大**，或點選右鍵的功能表→縮放→局部放大。

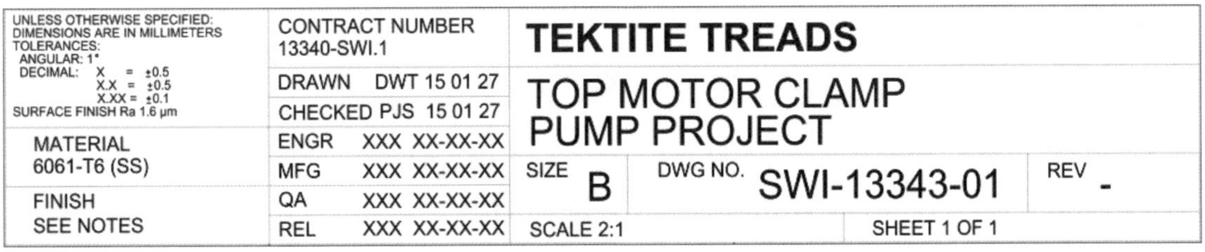

UNLESS OTHERWISE SPECIFIED: DIMENSIONS ARE IN MILLIMETERS TOLERANCES: ANGULAR: 1° DECIMAL: X = ±0.5 X.X = ±0.5 X.XX = ±0.1 SURFACE FINISH Ra 1.6 μm	CONTRACT NUMBER 13340-SWI.1	**TEKTITE TREADS**			
	DRAWN　DWT 15 01 27	TOP MOTOR CLAMP PUMP PROJECT			
	CHECKED PJS 15 01 27				
MATERIAL 6061-T6 (SS)	ENGR　XXX XX-XX-XX				
	MFG　XXX XX-XX-XX	SIZE B	DWG NO. SWI-13343-01		REV -
FINISH SEE NOTES	QA　XXX XX-XX-XX				
	REL　XXX XX-XX-XX	SCALE 2:1		SHEET 1 OF 1	

STEP 6　擷取零件名稱

在專案屬性窗格中（點選圖釘來固定對話框），點選**零件名稱**右側文字框中的閃電 ⚡ 圖示。

在圖面標題欄中的零件名稱周圍拖曳一個矩形。嘗試將紅色選擇框放置在盡可能靠近文字的位置。這將使 OCR 引擎更容易準確地從圖像中擷取文字。盡量不要在矩形中框選到任何無關的內容，因為這可能會導致 OCR 引擎嘗試將其識別為需要擷取文字。

CONTRACT NUMBER 13340-SWI.1		**TEKTITE TREADS**		
DRAWN DWT 15 01 27		TOP MOTOR CLAMP		
CHECKED PJS 15 01 27		PUMP PROJECT		
ENGR XXX XX-XX-XX				
MFG XXX XX-XX-XX		SIZE **B**	DWG NO. **SWI-13343-01**	
QA XXX XX-XX-XX				
REL XXX XX-XX-XX		SCALE 2:1		SHEET 1 OF 1

矩形內的文字將被擷取，並插入專案屬性中的**零件名稱**。

STEP 7 擷取其他零件屬性

在專案屬性視窗中，點選**零件編號**右側文字框中的閃電 ⚡ 圖示。

在圖面標題欄中的零件編號周圍拖曳一個矩形。

CONTRACT NUMBER 13340-SWI.1		**TEKTITE TREADS**		
DRAWN DWT 15 01 27		TOP MOTOR CLAMP		
CHECKED PJS 15 01 27		PUMP PROJECT		
ENGR XXX XX-XX-XX				
MFG XXX XX-XX-XX		SIZE **B**	DWG NO. **SWI-13343-01**	REV -
QA XXX XX-XX-XX				
REL XXX XX-XX-XX		SCALE 2:1		SHEET 1 OF 1

矩形內的文字將被擷取，並作為**零件編號**插入專案屬性。（可以延伸專案屬性窗格的寬度來查看長文字符。）

對**零件修訂**專案屬性重複上述擷取過程。

有時如果文字未被正確擷取，您可能需要手動輸入。如本例中【-】無法識別，就需要手動輸入。請手動輸入【-】到**零件修訂**專案屬性。

> **提示** 根據所使用的報告範本來將專案屬性映射到檢查報告，您可能不需要輸入所有專案屬性。例如：**文件名稱**屬性可能不會在特定檢查報告的任何地方使用。在這種情況下，您可能不用為該屬性輸入值。

STEP 8 **關閉專案**

在前面的步驟中，OCR 引擎用於擷取專案屬性值，因為智慧擷取選項不可用。選擇**檔案→關閉專案**且不存檔。

STEP 9 **建立新專案**

選擇**檔案→新專案**，選擇 AS9102(Metric).ixpdot 範本。

點選**確定**。

從 Lesson02\Case Study 資料夾中開啟 TopMotorClampRevA.PDF。請注意，智慧擷取已啟用。

STEP 10 擷取零件屬性

　　於零件名稱欄位點選智慧擷取 ⚡ 圖示，在圖面標題欄中的零件名稱周圍拖曳一個矩形。

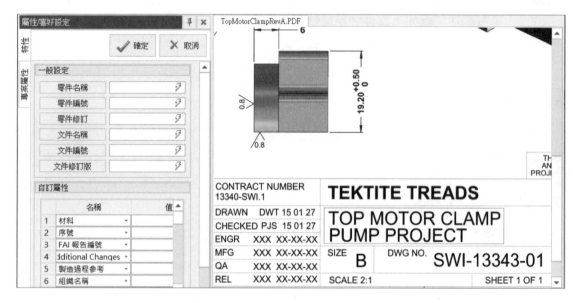

在此注意到**零件名稱**欄位文字已被填寫。

一般設定	
零件名稱	TOP MOTOR CLAMP PUMP PRGJECT ⚡
零件編號	⚡

對**零件編號**與**零件修訂**進行相同擷取步驟。

一般設定	
零件名稱	TOP MOTOR CLAMP PUMP PRGJECT ⚡
零件編號	SWI-13343-01 ⚡
零件修訂	A ⚡
文件名稱	⚡
文件編號	⚡
文件修訂版	⚡

◆ 自訂屬性

專案**自訂屬性**可用於加入企業需要包含在其檢查報告中的其他資訊。

自訂屬性值可以使用文字編輯或擷取技術來從圖檔中輸入值，可點選**值欄位**來使用智慧擷取或相機圖示（在OCR的情況下）。AS9102(Metric).ixpdot 範本內預設有以下所示的專案自訂屬性。

	名稱	值
5	製造過程參考 ▾	⚡
6	組織名稱 ▾	⚡
7	供應商代碼 ▾	⚡
8	採購單編號 ▾	⚡
9	Ballooned by ▾	⚡
10	Inspected by ▾	⚡
11	-無- ▾	⚡
12	-無- ▾	⚡

要將新的自訂屬性加入到專案，請點選自訂屬性的第一行**名稱**的 **-無-**，然後輸入新自訂屬性的名稱。儲存專案時，它將與專案一起保存。

要修改現有的自訂屬性，請選擇該屬性並輸入新的自訂屬性名稱。

要刪除不需要的自訂屬性，請選擇該屬性並將值更改為 **-無-**。

STEP 11 輸入自訂屬性

於**材料**值欄位，點選智慧擷取圖示。

	名稱	值
1	材料 ▾	⚡

在圖面標題欄中的Material周圍拖曳一個矩形。

```
MATERIAL
6061-T6 (SS)
```

點選自訂屬性內**名稱**欄位的**序號**並變更為Contract Number。點選 **Contract Number** 值欄位後的智慧擷取圖示，在圖面標題欄中的Contract Number周圍拖曳一個矩形。

```
CONTRACT NUMBER
13340-SWI.1
```

複製**專案屬性**→零件編號欄位中的值,並將其貼上到**FAI報告編號**值欄位中。

選擇自訂屬性中**Additional Changes**並更改為**-無-**。

點選**組織名稱**後值欄位的智慧擷取圖示,在圖面標題欄中的**Tektite Treads**周圍拖曳一個矩形。

於**採購單編號**中,手動輸入12345。

於**Ballooned by**中,手動輸入JR。

⬢ **Sampling 屬性**

Sampling屬性可以為整個專案設定**批量大小、層級、類型**與**AQL**。

或者,可以透過修改特定特性來為單個特性設定Sampling屬性。

STEP▶ 12 設定Sampling屬性

設定**Sampling**屬性,如下圖所示:

Sampling	
批量大小	200
層級	II
類型	標準
AQL	2.5

點選**確定**。

點選**是**以更新。

2.4.3 儲存選項

在SOLIDWORKS Inspection中執行工作時,您可以啟用定期提示儲存的選項。如果啟用自動儲存,則儲存提示的預設頻率設定為每15次更動後出現一次。

可以透過將**自動儲存前的變更**：設定為所需的值來更改此提示頻率。

自動儲存	
☑ 啟用	自動儲存前的變更： 15 ⇕

勾選**自動復原**選項以使SOLIDWORKS Inspection能夠在意外終止的情況下復原文件。

自動復原	
☐ 啟用	自動復原前的變更： 10 ⇕

指令TIPS 　自動儲存 / 自動復原 🔍

- 功能表：**檔案→選項→應用程式選項→一般→自動儲存 / 自動復原**。
- 面板選單：**首頁→選項→應用程式選項→一般→自動儲存 / 自動復原**。

STEP 13 設定自動儲存選項

點選**首頁→選項→應用程式選項→一般→自動儲存**。

點選**啟用**。

設定**自動儲存前的變更**：50。

自動儲存	
☑ 啟用	自動儲存前的變更： 50 ⇕

點選**確定**。

2.4.4　單位 / 公差選項

在擷取特性前，建議設定文件預設公差。

文件單位可在提供的預設範本中設定，但可以修改公差以符合圖面或公司標準。

公差可以：

- 選擇項目修改與輸入新值。
- 新增一列 ➕ 。
- 刪除一列 ➖ 。

指令TIPS 特性

- 功能表：**檔案→選項→專案選項→特性**。
- 面板選單：**首頁→選項→專案選項→特性**。

STEP 14 設定公差

點選**首頁→選項→專案選項→特性**。

圖面的公差部分提供了用於預設值的訊息。

預設公差選擇**依精度**。

選擇**線性**頁籤。

設定值如下所示：

UNLESS OTHERWISE SPECIFIED:
DIMENSIONS ARE IN MILLIMETERS
TOLERANCES:
　ANGULAR: 1°
　DECIMAL:　　X　＝　±0.5
　　　　　　　X.X　＝　±0.5
　　　　　　　X.XX ＝　±0.1
SURFACE FINISH Ra 1.6 μm

	精度	正公差	負公差
1	0	+0.5	-0.5
2	1	+0.5	-0.5
3	2	+0.1	-0.1

點選**確定**。

2.4.5　零件號球選項

預設零件號球外觀選項設定，可控制零件號球的形狀、顏色、大小和其他屬性。也可以根據需要為任何單個零件號球或零件號球組來調整這些選項。

指令TIPS 零件號球

- 功能表：**檔案→選項→專案選項→零件號球**。
- 面板選單：**首頁→選項→專案選項→零件號球**。

STEP 15 設定零件號球選項

點選**首頁→選項→專案選項→零件號球**。

設定**配合**為2。

設定**文字色彩**為紅色。

設定**文字大小**為7pt。

設定**填入色彩**為白色。

對於**位置**設定為左上角。

確保其餘設定如下所示：

點選**確定**。

技巧

當您已經設定過專案的屬性、預設公差、零件號球樣式與外觀…等，若想要在日後的專案重複使用的話，記得先儲存為自己固定使用的專案範本，點選**檔案→另存新檔**→**檢查專案範本**。請注意！所有輸入的選擇和值都將被保存。因此，請在儲存專案範本前清除不需要的專案屬性資料。範本通常被存於以下預設路徑：C:\ProgramData\SOLIDWORKS\SOLIDWORKS Inspection<version> Standalone\Templates\<lang>。

STEP 16 儲存專案範本

點選**檔案→另存新檔→檢查專案範本**。選擇本地端使用之語言資料夾路徑，如：zh-TW，並以SWI-MMTemplate為專案範本名稱儲存。

2.5 擷取特性值

特性擷取工具可讓您在圖面上的文字周圍繪製矩形，以用作檢查專案中的特性值。使用 SOLIDWORKS Inspection 可搜尋文字和 OCR 文字擷取功能，從工程圖中擷取各種特性。一旦選擇任何特性擷取工具，該工具將保持使用狀態，直到改換另一個工具或按下 Esc 鍵，因此很容易快速抓取特定類型的所有特性值。

指令TIPS 擷取特性值 🔍

- 面板選單：文件→**OCR 擷取→尺寸** 🖽。
- 右鍵選單：**OCR 擷取→尺寸** 🖽。
- 快速鍵：**Ctrl+D**。

- 面板選單：文件→**OCR 擷取→幾何公差** 🔠。
- 右鍵選單：**OCR 擷取→幾何公差** 🔠。
- 快速鍵：**Ctrl+G**。

- 面板選單：文件→**OCR 擷取→註解** 🗨。
- 右鍵選單：**OCR 擷取→註解** 🗨。
- 快速鍵：**Ctrl+N**。

- 面板選單：文件→**OCR 擷取→表面加工** ✔。
- 右鍵選單：**OCR 擷取→表面加工** ✔。
- 快速鍵：**Ctrl+F**。

- 面板選單：文件→**OCR 擷取→熔接** ⚒。
- 右鍵選單：**OCR 擷取→熔接** ⚒。
- 快速鍵：**Ctrl+W**。

STEP 17　縮放至註解

在圖面上任何位置按滑鼠右鍵，並點選選單中**縮放→配合頁面**。

再次於圖面上任何位置按右鍵，並點選選單中**縮放→局部放大**，在註解位置框選出一個視窗進行放大。

STEP 18 擷取註解

點選OCR擷取註解 ➡️，滑鼠箭頭會變成 ╬ 以表示您正在進行註解的擷取。

框選註解1的文字來抓取特性值。

嘗試將紅色選擇框放置在盡可能靠近文字的位置。這將使OCR引擎更容易準確地從圖像中擷取出文字。

一顆零件號球將出現在所擷取的註解旁。

①OTES: UNLESS OTHERWISE SPECIFIED
  1. REMOVE ALL BURRS AND/OR TUMBLE IN MEDIA (NO SHARP EDGES).
  2. FINISH: ANODIZE BLACK PER MIL-8625F TYPE II
  3. PARTS TO BE FREE FROM OIL AND DEBRIS

特性窗格將被展開以顯示當前選擇的特性屬性，以及被框選註解的圖像。

類型被標示為**註解**。

值的部分則是所辨識出來擷取的文字。

此外，特性的訊息也被加入到**表格管理器**的**特性**標籤內。

#ID	#Char	類型	子類型	值	單位	正公差	負公差	上限	下限	頁頁/視
1	1	註解	註解	REMOVE ALL BURRS AND/OR TUMBLE IN MEDIA (NO SHARP EDGES)						1

重複上述動作來擷取剩下的註解。

STEP 19 修改零件號球位置

上述動作所擷取的零件號球預設出現在註解的左上方。

> ① OTES: UNLESS OTHERWISE SPECIFIED
> ② REMOVE ALL BURRS AND/OR TUMBLE IN MEDIA (NO SHARP EDGES).
> ③ FINISH: ANODIZE BLACK PER MIL-8625F TYPE II
> 3. PARTS TO BE FREE FROM OIL AND DEBRIS

您可以針對單個特性或一組特性來同時修改零件號球的位置。

在本例中，我們可以把零件號球放在左邊置中的位置。

若要複選多個註解特性，您可以在表格管理器中的**特性**表點選第一列，然後按住 Shift 鍵再點選最後一列，即可完成多列特性值複選。

#ID	#Char	類型	子類型	值	單位
1	1	註解	註解	REMOVE ALL BURRS AND/OR TUMBLE IN MEDIA (NO SHARP EDGES).	
2	2	註解	註解	FINISH: ANODIZE BLACK PER MIL-8625F TYPE II	
3	3	註解	註解	PARTS TO BE FREE FROM OIL AND DEBRIS	

再由面板選單**首頁**選擇**位置**，並改為左中位置。

所選的註解零件號球位置將會改到左中。

NOTES:　UNLESS OTHERWISE SPECIFIED
①REMOVE ALL BURRS AND/OR TUMBLE IN MEDIA (NO SHARP EDGES)
②FINISH:　ANODIZE BLACK PER MIL-8625F TYPE II
③PARTS TO BE FREE FROM OIL AND DEBRIS

STEP 20　擷取尺寸

點選 **OCR 擷取→尺寸** 📐。滑鼠箭頭會變成 ⌐，以表示您正在進行尺寸的擷取。

框選您要擷取為特性的尺寸 80。

嘗試將紅色選擇框放置在盡可能靠近標註文字的位置。這將使 OCR 引擎更容易準確地從圖像中擷取文字。

一顆零件號球將出現在所擷取的尺寸旁 80。

特性窗格將被展開以顯示當前選擇的特性屬性，以及被框選尺寸的圖像。

請注意，由於此尺寸沒有公差而沒有被作公差的擷取，因此使用了為此專案設定的預設公差。在這種情況下，由於尺寸精度為零小數位，因此應用了 +/-0.5 的公差。

提示　如果您忘記選擇**OCR擷取→尺寸**，特性窗格可能會顯示上次使用的擷取**類型**。
正確的**類型**和**子類型**可以從下拉清單中選擇。

STEP 21 擷取基本尺寸

選擇**OCR擷取→尺寸**並擷取基本尺寸 ⑤ 12 。

當選擇基本尺寸時，試著只有選取尺寸文字，而不要連同框格也選取。

要識別該尺寸為基本尺寸，請勾選**基本**選項。

提示　根據行業或公司的慣例，在檢查報告中可能不會包含基本尺寸或參考尺寸。在本實例研究中，我們會放入基本尺寸和參考尺寸於檢查報告中。

STEP 22 擷取參考尺寸

選擇**OCR擷取→尺寸**並擷取參考尺寸。

當選擇參考尺寸時，尺寸通常會附有括號或是帶有REF的字眼，多數情況在選擇這兩種參考尺寸時，特性欄位內會自動辨識出參考尺寸並勾選**供參考**的選項，如果沒有被勾選，則順手勾選起來即可。

◆ 清單

操作、方法（量測工具）、類別、使用者定義的子類型與自訂清單可以被客製，以符合企業或供應商需求。

清單可以：

- 選擇項目修改與輸入新值。
- 新增一列 ⊞。
- 刪除一列 ⊟。
- 從 .csv 檔案 ⊡ 輸入。

指令TIPS 清單 🔍

- 功能表：**檔案→選項→應用程式選項→清單**。
- 面板選單：**首頁→選項→應用程式選項→清單**。

STEP 23 修改類別清單

點選**首頁→選項→應用程式選項→清單**。

於清單內選擇類別。

加入一值為**關鍵**（如果清單內沒有的話）。

清單：	值：
操作	伴隨的
方法	重要
類別	關鍵
使用者定義的子類型	伴隨的
自訂欄位 1	次要
自訂欄位 2	

STEP 24 加入零件號球的特性辨識

點選**首頁→選項→專案選項→零件號球**。

在**特性辨識**內點選新增一列 ➕，然後在**類別**處選擇**關鍵**，並設定如下圖所示剩餘值。

特性辨識

	類別	字首	字尾	零件號球形狀	填入色彩	邊框色彩	文字色彩	文字大小	配合	辨識準則
1	關鍵	k		◇ 菱形	▭	▬	▬	7	2	

完成後點選**確定**。

STEP 25 擷取關鍵特性尺寸

選擇**OCR擷取→尺寸**並擷取檢查尺寸 。

對於表示關鍵特性尺寸，擷取該尺寸的文字，然後從**檢查**面板中的**類別**下拉列表中，選擇**關鍵**以控制零件號球外觀。

檢查	▲
操作	▾
類別	關鍵 ▾

該尺寸就會用由**選項→專案選項→零件號球**中的特性辨識設定樣式呈現。

要將尺寸標識為**特性**表中的關鍵特性，請選中**檢查**面板底部的**關鍵**選項。

接受	2
拒絕	3
✓ 關鍵	

STEP 26 使用智慧擷取來擷取單一特性

右鍵選單**智慧擷取→單一特性**。

🔘 智慧擷取	▶	🔘 單一特性	Ctrl+Shift+E
OCR 擷取	▶	🔘 多個特性	Ctrl+E

滑鼠符號將變為閃電符號。擷取線性尺寸 12。

擷取線性基本尺寸 6。

並勾選**基本**選項。

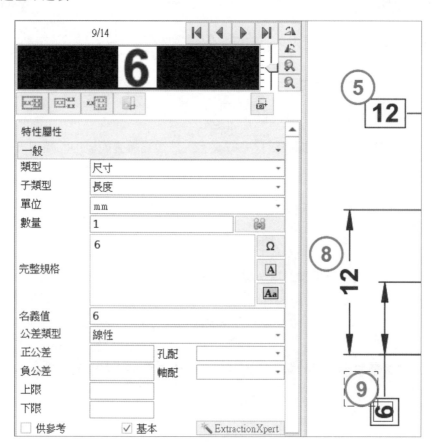

繼續擷取尺寸如下圖所示：

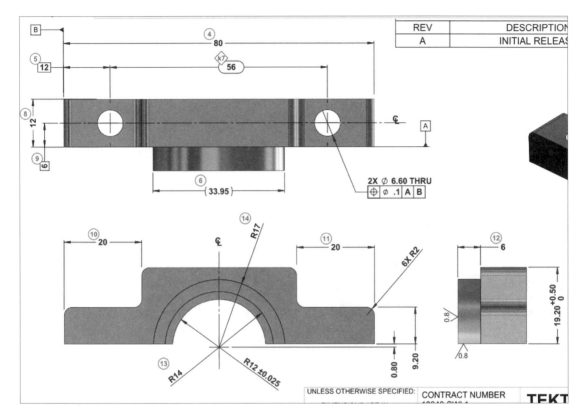

擷取 6X R2 半徑尺寸。

請注意**子類型**與**數量**值已被識別。

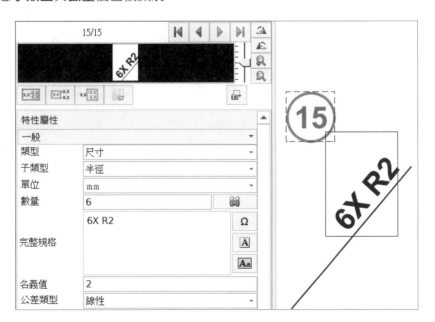

STEP ▶ 27 使用智慧擷取來擷取多個尺寸

右鍵選單**智慧擷取→多個特性**。

框選尺寸 0.80 和 9.20。

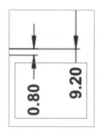

請注意，兩個尺寸均已被擷取，並且根據小數位數對應了正確的公差。

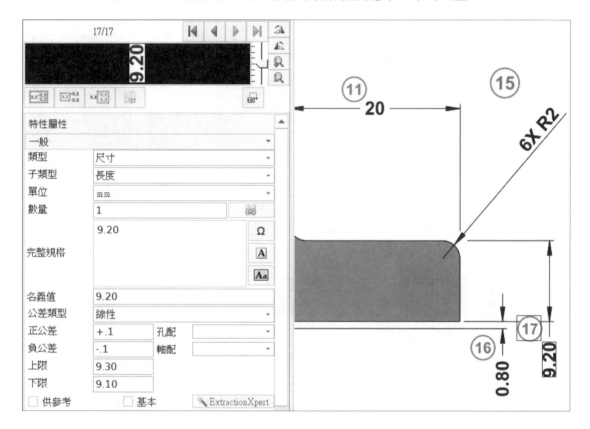

2.5.1 特性窗格

在某些情況下抓取尺寸後，抓取的圖像可能需要修改才能擷取到正確值。特性窗格中抓取圖像周圍的工具欄是用來調整抓取的圖像。

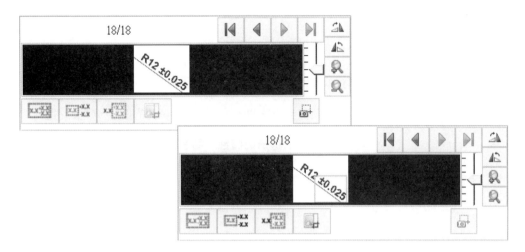

圖像可以順時針旋轉90度、逆時針旋轉、精細旋轉、放大或縮小、裁剪、重新抓取或重新執行OCR辨識。

特性工具	功能
⏮	**第一個**：點選圖示來移動到第一個特性值。
◀	**上一個**：點選圖示來回到上一個特性值。
▶	**下一個**：點選圖示來回到下一個特性值。
⏭	**最後一個**：點選圖示來移動到最後一個特性值。
◿	**順時針旋轉**：點選圖示來順時針旋轉90度抓取的圖片。
◺	**逆時針旋轉**：點選圖示來逆時針旋轉90度抓取的圖片。
🔍	**拉近**：點選圖示來放大截圖。
🔍	**拉遠**：點選圖示來縮小截圖。
🎚	**精細旋轉（+/-45）**：點選並拖動滑塊可將項目作順時針或逆時針旋轉45度或更小角度的精細旋轉。

特性工具	功能
或表面粗糙度 或幾何公差	**執行所選區域的OCR**：要對整個尺寸、表面粗糙度或幾何公差執行OCR，請點選並拖曳來框選整個尺寸、表面粗糙度或幾何公差，然後點選圖示。
	執行名義值的OCR：點選並拖曳來框選名義值，然後點選圖示。
	執行公差值的OCR：點選並拖曳來框選公差值，然後點選圖示。
	將影像裁剪至所選的區域：框選要裁剪的地方，然後點選圖示。
	重新抓取目前選擇的特性：點選該圖示可重新抓取當前選定的特性。

⬡ ExtractionXpert

ExtractionXpert™工具透過自動嘗試不同的OCR設定（例如：銳化、擴張、邊緣增強等）來幫助您改進OCR讀取。

此外，ExtractionXpert工具會自動考慮並解決圖面縮放問題。

ExtractionXpert工具將嘗試大約150種或更多組合，並根據您輸入的實際值推薦最佳擷取設定。

28 旋轉90度截圖

選擇6mm的基本尺寸特性值。

由於它出現在逆時針旋轉90度的圖形上，我們需要將它順時針旋轉90度才能正確定位它。

點選順時針旋轉90度 。

提示 在未擷取特性值的情況下，視窗選擇文字並點選**執行所選區域的OCR** 。

尺寸是從截圖上被擷取的。

使用精細旋轉來旋轉截圖

一些抓取的特性圖像是以 90 度以外的某個角度來呈現的。對於這些歪斜的
截圖,我們將需要使用**精細旋轉**來正確擷取特徵。

點選並按住**精細旋轉**,同時拖動滑鼠來旋轉圖像。您可以鬆開滑鼠按鈕,並根
據需要來重複多次旋轉以正確對齊圖像。

重新框選要用於 OCR 的圖像部分(避開不必要線段),然後點選**執行所選區域
的 OCR** 。

該尺寸現在已正確地從截圖上被擷取。

2.5.2　隱藏與顯示擷取的註解

一旦擷取了圖面上的大部分尺寸，可能會更難找到仍然需要擷取的任何剩餘尺寸。而可用來尋找尚未被擷取的尺寸的簡單方法，就是隱藏已擷取過的尺寸。然後，您就能夠只關注剩餘的那些尺寸。

指令TIPS　隱藏與顯示擷取的註解

- 面板選單：**視圖→註記顯示→隱藏擷取的註記**。
- 面板選單：**視圖→註記顯示→隱藏未擷取的註記**。
- 面板選單：**視圖→註記顯示→顯示所有註記**。

STEP **30**　隱藏擷取的註記

點選**隱藏擷取的註記**。

現在就很輕易地看到仍然需要被擷取的尺寸。

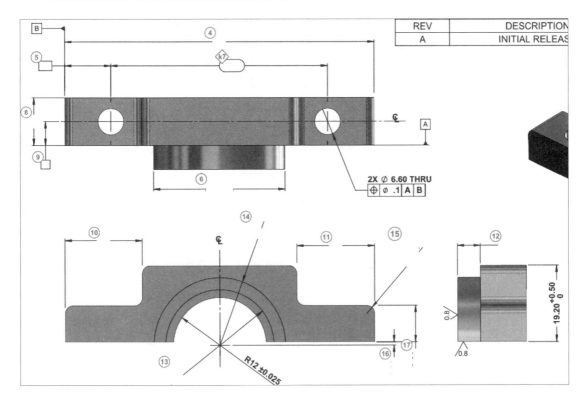

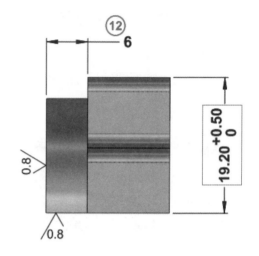

STEP **31** 擷取公差尺寸

點選 **OCR 擷取→尺寸** 🔲 。

框選以擷取具有雙向（+/-）公差的尺寸。

點選**順時針旋轉90度** 🔳（如果需要的話）。

> **提示** 上述對於尺寸的擷取可能沒有問
> 題，而不需要這些步驟來修正。但
> 是，還是可能存在需要手動擷取的
> 情況。

　　請注意，在特性窗格中，除了類型、子類型、完整規格和名義值之外，公差值可能未
正確擷取，並且上限和下限也沒有被正確計算。

　　若要更正此問題，您可以手動輸入正確的尺寸和公差值，也可以使用特性窗格中的工
具來修改已擷取的項目。

STEP 32 擷取名義值

框選名義尺寸值。當您使用滑鼠拖曳時將會出現一個綠色的框。

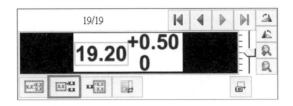

點選**執行名義值的OCR**。

正確的名義值將被擷取出來。

STEP 33 擷取公差值

框選公差尺寸值。

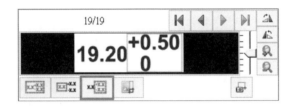

點選**執行公差值的OCR**。

公差值將被擷取並連帶上限與下限將被重新計算。

如果進行上述重新辨識的動作後,若值還是一樣無法辨識出正確數值,那就需要自行手動輸入了。

類型	尺寸	
子類型	長度	
單位	mm	
數量	1	🔍
完整規格	19.20	Ω A Aa
名義值	19.20	
公差類型	線性	
正公差	+0.50	孔配
負公差	0	軸配
上限	19.70	
下限	19.20	
☐ 供參考	☐ 基本	⟋ ExtractionXpert

STEP **34** 擷取半徑尺寸

點選**智慧擷取→單一特性**。

框選以擷取半徑尺寸。

如果有需要，請使用前面步驟中描述的精細旋轉和擷取技術。

假如該值無法被辨識，請手動輸入資料於特性內。

STEP **35** 擷取孔標註

點選**智慧擷取→單一特性**。

框選以擷取孔標註尺寸。

可看到的是，除了孔直徑值之外，還擷取到了**數量**2，因為該尺寸採用了兩個孔。

尺寸的**子類型**也被指定為直徑。

一般			
類型	尺寸		
子類型	直徑		
單位	mm		
數量	2		
完整規格	2X Ø 6.60 THRU		Ω
			A
			Aa
名義值	6.60		
公差類型	線性		
正公差	+.1	孔配	
負公差	-.1	軸配	
上限	6.70		
下限	6.50		
☐ 供參考	☐ 基本		ExtractionXpert

STEP 36 擷取幾何公差

OCR 擷取→幾何公差 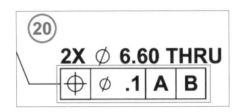 。

框選以擷取孔標註尺寸的幾何公差。

在特性窗格內，請注意**數量**為 1，但因為該孔標註尺寸控制了兩個孔，所以需要將數量變更為 2。

設定**數量**為 2。

特性窗格內單位、數量與值可以手動設定，並且可以使用 GDT 產生器將幾何公差詳細訊息輸入到特性屬性中。

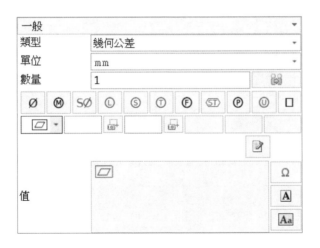

2.5.3　GDT 產生器

當您擷取幾何公差時，GDT 產生器將可在特性窗格中使用。GDT 產生器使您能夠在特性窗格中快速建立幾何公差屬性，以便您可以將 GDT 符號輸出到檢查報告中。

提示 GDT產生器使用專有的GDT字型庫來正確顯示GDT符號。為了在檢查報告中可正確顯示GDT符號，開啟這些Excel檢查報告的電腦也需要安裝此字型。SOLIDWORKS GDT字型是隨軟體免費提供。如果使用SOLIDWORKS Inspection的客戶希望提供使用到該字型的檢查報告給其他人觀看，都可以另外在有安裝Inspection電腦內的Windows字型庫找到SOLIDWORKS GDT字型來提供給他人安裝使用。

STEP 37　建立幾何公差

在GDT產生器中從下拉式清單中選擇**位置**幾何公差符號。

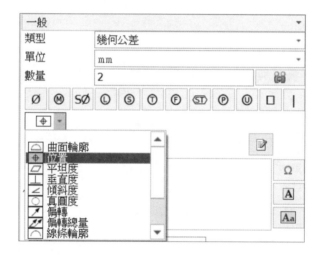

於幾何公差內點選直徑符號按鈕來增加一個直徑符號。

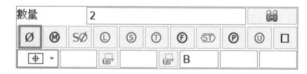

於特性窗格內框選幾何公差截圖上的數值。

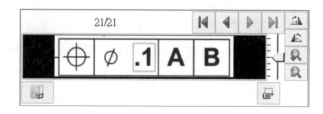

點選**從圖像中的選定區域擷取文字**以使OCR從圖像中辨識，並將值放入欄位內。

在幾何公差右側的欄位中輸入基準A和B的名稱。

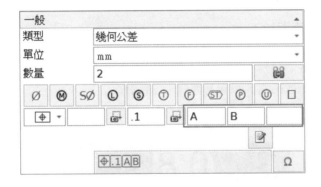

STEP 38 顯示註記

從**視圖**頁籤點選**顯示所有註記**。

所有尺寸將變成可見的。

STEP 39 手動重置零件號球位置

有些零件號球產生時可能不在理想的位置。

點選選擇工具 ⬛ 或按 ESC 離開原操作指令，並手動拖曳零件號球到您想要的位置。

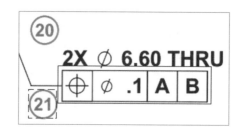

STEP 40 擷取表面加工

點選 **OCR 擷取→表面加工** ✓ 。

框選以擷取表面加工的值 ⬛ 。

請注意，在特性窗格中可能尚未擷取表面粗糙度值。

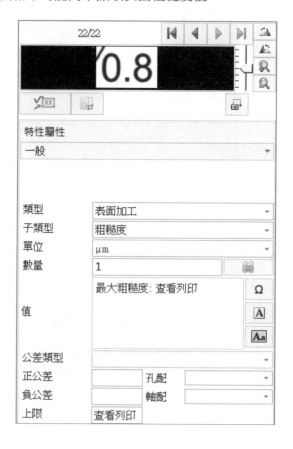

若要更正此問題，您可以手動輸入正確的值，也可以使用特性窗格中的工具來修改擷取的項目。

框選表面粗糙度值，您所拖曳的地方將出現綠色框格。

點選**執行所選區域的OCR** ，將會擷取出正確的表面糙糙度值。

2.6 一般特性工具

除了可用於處理圖像抓取的工具外，還有可用於修改特性的通用工具。

⬡ 為每個副本產生

選擇此選項會在表格管理器中建立與特性**數量**相等的多列特性資料，且數量的值必須大於1才能使用此功能。

⬡ 插入CAD符號 Ω

在特性窗格內**完整規格/值**的區域可使用插入符號功能來插入框架字元、CAD符號、數學運算符、常用字元或其他符號。

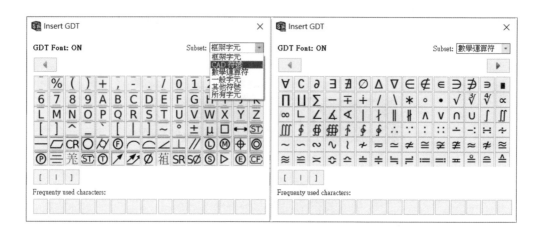

◆ **切換框架字元** Ⓐ

在特性窗格內**完整規格/值**的區域中，選擇其中的字元符號變成反白強調狀態並點選此按鈕，將會產生字元框或是取消字元框。且一併更改表格管理器中的值樣式。

◆ **切換英文大小寫** Ⓐⓐ

在特性窗格內**完整規格/值**的區域中，選擇其中的英文字元變成反白強調狀態並點選此按鈕，將會直接切換大小寫文字。

STEP 41 為每個副本產生特性值

選擇孔標註尺寸。

點選**為每個副本產生** 👥 。

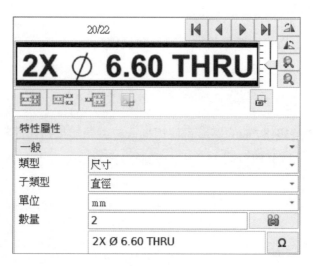

請注意，現在產生了兩個2X Ø 6.60 THRU於**表格管理器**內的**特性**頁籤。

#ID	#Char	類型	子類型	值	單位	正公差	負公差	上限	下限
19	19	尺寸	半徑	R12±0.025	mm	+0.025	-0.025	12.025	11.975
20	20.1	尺寸	直徑	2X Ø 6.60 THRU	mm	+.1	-.1	6.70	6.50
20	20.2	尺寸	直徑	2X Ø 6.60 THRU	mm	+.1	-.1	6.70	6.50
21	21	幾何公差	位置	⊕.1AB	mm				-1.0

表格管理器／零件表　規格　特性／Drag a column header here to group by that column

重複上述副本產生方式於**幾何公差**與**6X R2**圓角尺寸。

2.6.1　驗證特性

特性可以在擷取時進行視覺驗證，以驗證智慧擷取／OCR引擎是否有正確擷取和辨識了每個特性。但是在擷取所有特性之後執行此驗證可能會更容易。

選擇特性時，每個特性都將在特性窗格的頂部顯示其抓取的圖像。此抓取的圖像可用於與擷取的屬性進行比較。另外可以對所選特性進行調整。例如：可以對子類型、單位、數量、值、公差等進行更改。特性也可以標記為參考或基本尺寸。

此外，可以展開**檢查**群組，並可以加入與該特性相關的操作、類別、方法和任何相關的註解的訊息。該特性也可以在此處標記為關鍵尺寸。展開**零件號球**群組，可在此處控制特性零件號球的外觀和行為。

最後，**自訂**群組可以連接任何自訂的屬性清單。

STEP **42** 驗證特性

點選特性窗格中的**第一個特性** ⏮ 。

我們會將辨識的值與截圖進行比較，並進行必要的修正和修改。

而第一個特性被正確辨識，無需再編輯。

點選特性窗格中的**下一個特性** ⏭ ，直到達到**6**mm的基本尺寸。

這個特性是一個基本尺寸。它不應該有任何指定的公差。

如果需要,請勾選**基本**,將清除此尺寸的公差並重新。

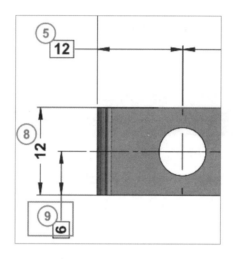

STEP **43** 增加檢查方法

點選**下一個特性** ▶,直到第一個**20mm**尺寸。

在特性窗格內的**檢查**群組,從**方法**的下拉清單中選擇**數位卡尺**。

一般	▼
檢查	▲
操作	▼
類別	▼
方法	數位卡尺 ▼
不符合項編號	
	▲

2.7 表格管理器

表格管理器在三個標籤頁中存有專案的表格訊息。它的頁籤包含零件表、規格表和特性表。

表格管理器

零件表	規格	特性

2.7.1　零件表

　　零件表頁籤含有物料清單（BOM）中的詳細訊息，然後可以將BOM表輸入到對應的AS9102內的Form1報告。這些欄位也可在範本編輯器視窗中找到，並可對應至任何自訂報告表單的範本內。可一次性將數據輸入到零件表頁籤中，或者使用者可以從.csv文件輸入BOM表，或者可以直接從圖面中擷取BOM表。

2.7.2　規格

　　規格頁籤含有規格列表中的詳細資訊，然後可以輸入資料到對應的AS9102內的Form 2報告。這些欄位也可在範本編輯器視窗中找到，並可對應至任何自訂報告表單的範本內。可一次性將數據輸入到規格表頁籤中，或者使用者可以從.csv文件輸入規格表，或者可以直接從圖面中擷取規格表。

2.7.3 特性

特性頁籤含有專案中已指定特性的詳細資訊。然後可以將這些特性值輸入到對應的 AS9102 內的 Form 3 報告。

	5. Char No.	6. Reference Location	7. Characteristic Designator	8. Requirement	8a. UoM	8b. Upper Limit	8c. Lower Limit	9. Results	10. Designed Tooling	11. Non-Conformance Number	14. Notes
								1			
8	1	TopMotorClampRevA pg.1, Zone A.4	註解	REMOVE ALL BURRS AND DE-TUMBLE IN MEDIA							REMOVE IN MEDIA
9	2	TopMotorClampRevA pg.1, Zone A.4	註解	FINISH: ANODIZE BLACK PER MIL-8625F TYPE II							
10	3	TopMotorClampRevA pg.1, Zone A.4	註解	PARTS TO BE FREE FROM OIL AND DEBRIS							
11	4	TopMotorClampRevA pg.1, Zone C.3	長度	80	mm	80.5	79.5				
12	5	TopMotorClampRevA pg.1, Zone C.4	長度	12	mm						

1. Part Number: SWI-13343-01
2. Part Name: TOP MQTOR CLAMP PUMP PROJECT
3. Serial: No Result

Characteristic Accountability / Inspection / Test Results

Form1　Form2　Form3

2.8　特性管理

特性表用於組織和編輯專案中的特性資料。特性資訊會自動取自特性窗格，且以表格形式來過濾和組織資訊。

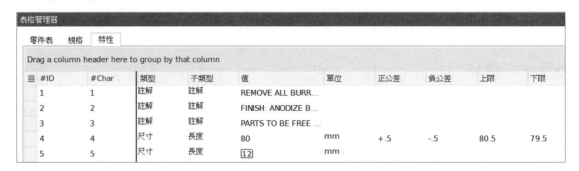

表格管理器
零件表　規格　特性

Drag a column header here to group by that column

#ID	#Char	類型	子類型	值	單位	正公差	負公差	上限	下限
1	1	註解	註解	REMOVE ALL BURR...					
2	2	註解	註解	FINISH: ANODIZE B...					
3	3	註解	註解	PARTS TO BE FREE ...					
4	4	尺寸	長度	80	mm	+.5	-.5	80.5	79.5
5	5	尺寸	長度	12	mm				

各欄位可以透過將其表頭拖曳到所需位置來重新排列。還可以對欄進行排序和過濾，以便更輕鬆地找到感興趣的項目。可以在**選項**對話框中修改特性頁籤中顯示的欄位。

指令TIPS　使用者介面

- 功能表：**檔案→選項→應用程式選項→使用者介面**。
- 面板選單：**首頁→選項→應用程式選項→使用者介面**。

STEP 44 關閉特性欄位

點選**首頁→選項→應用程式選項→使用者介面**。

清除勾選自訂欄位1到自訂欄位10。

點選**確定**。

2.8.1 重新排序零件號球

可以透過在特性表中選擇一列或多列，並拖曳到所需位置來重新排序零件號球。

點選特性表中的特性將在圖面中顯示選擇該特性，並在特性窗格中顯示其屬性資料。

右鍵點選特性表中的特性，然後從右鍵選單中點選**至**，將在圖面中選中該特性，且在特性窗格中也會同步顯示其屬性資料，並在文件視窗放大圖面中的特性位置。

相同的右鍵選單還包含可讓您複製、貼上、刪除、重新抓取、群組和解散群組特性的指令。

> 提示　您可以透過在特性表中的特性值上按滑鼠兩下，並在表格內直接進行編輯來快速修改特性值。

STEP 45 重新排序號球

在特性表中按住Ctrl鍵來複選**12mm**尺寸和**6mm**基本尺寸。

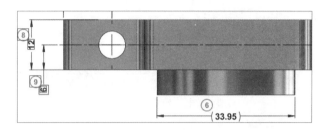

表格管理器

零件表	規格	**特性**

Drag a column header here to group by that column

≡ #ID	#Char	類型	子類型	值	單位	正公差	負公差	上限	下限
6	6	尺寸	長度	(33.95)	mm				
k7	7	尺寸	長度	56	mm	+.5	-.5	56.5	55.5
8	8	尺寸	長度	12	mm	+.5	-.5	12.5	11.5
﹥ 9	9	尺寸	長度	6	mm				
10	10	尺寸	長度	20	mm	+.5	-.5	20.5	19.5

現在將選定的兩列向上拖曳到基本尺寸**12mm**（#ID 5）的下方列，放開滑鼠完成移動排序。

≡ #ID	#Char	類型	子類型	值	單位	正公差	負公差	上限	下限
3	3	註解	註解	PARTS TO BE FREE ...					
4	4	尺寸	長度	80	mm	+.5	-.5	80.5	79.5
5	5	尺寸	長度	12	mm				
﹥ 6	6	尺寸	長度	(33.95)	mm				
k7	7	尺寸	長度	56	mm	+.5	-.5	56.5	55.5
8	8	尺寸	長度	12	mm	+.5	-.5	12.5	11.5
﹥ 9	9	尺寸	長度	6	mm				
10	10	尺寸	長度	20	mm	+.5	-.5	20.5	19.5

零件號球已被重新編號來反應變動。

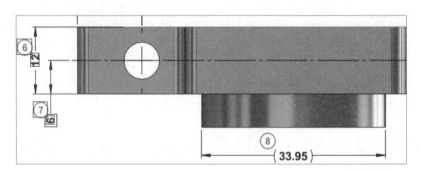

☰ #ID	#Char	類型	子類型	值	單位	正公差	負公差	上限	下限
4	4	尺寸	長度	80	mm	+.5	-.5	80.5	79.5
5	5	尺寸	長度	12	mm				
6	6	尺寸	長度	12	mm	+.5	-.5	12.5	11.5
> 7	7	尺寸	長度	6	mm				
8	8	尺寸	長度	(33.95)	mm				
k9	9	尺寸	長度	56	mm	+.5	-.5	56.5	55.5

提示　重新編號零件號球的唯一方法，是將零件號球重新排序到所需位置。

STEP 46 解散特性群組

於特性表內使用Ctrl鍵跳著複選，或是用Shift鍵連續複選兩孔直徑**6.60**的尺寸。

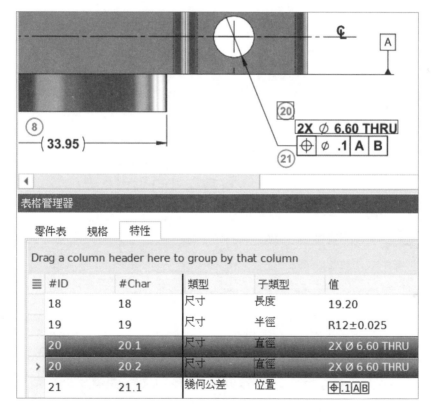

可看到每一尺寸都有獨立一列，並且共用同一個零件號球編號。

提示 當在尺寸上使用**產生多個副本**，會自動使用**與共用零件號球分為一組**。

可右鍵點選選定的列，並從右鍵選單中點選**群組**，然後點選子選單中的**解散群組**。

該特性值與零件號球將被重新編號，與產生對應新的零件號球於圖面上。

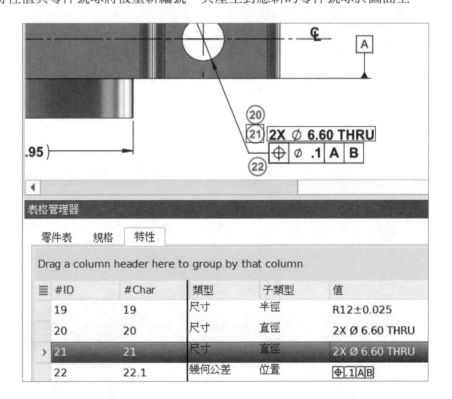

當特性群組被解散,則此兩零件號球可能不會在預期的位置上,或是出現重疊的可能,可再拖曳號球至想要的位置。

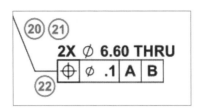

STEP 47　特性群組

使用Ctrl鍵跳著複選,或是用Shift鍵連續複選與前一步驟相同的兩直徑**6.60**的孔尺寸。

在選中的列上按右鍵,並從選單中選擇**群組**,於子選單內再選擇**群組**。

該兩特性值再次被重新編號,但這次的零件號球數字顯示會與前次不同。

表格管理器					
零件表　　規格　　**特性**					
Drag a column header here to group by that column					
≡ #ID	#Char	類型	子類型	值	單位
20.1	20.1	尺寸	直徑	2X Ø 6.60 THRU	mm
20.2	20.2	尺寸	直徑	2X Ø 6.60 THRU	mm

STEP 48　與共用零件號球分為一組

在此案例上,我們希望將尺寸與相關幾何公差分組在一起,並使用相同的零件號球。

首先我們需要解散群組孔與幾何公差的特性值。

使用Ctrl鍵跳著複選,或是用Shift鍵連續複選兩孔直徑尺寸,並從右鍵選單中選擇**群組**,再於子選單中選擇**解散群組**。

使用Ctrl鍵跳著複選,或是用Shift鍵連續複選兩幾何公差,並從右鍵選單中選擇**群組**,再於子選單中選擇**解散群組**。

該孔與幾何公差特性現在已被解散群組,並讓每個副本有自己的零件號球編號。

表格管理器

| 零件表 | 規格 | 特性 |

Drag a column header here to group by that column

≡	#ID	#Char	類型	子類型	值	單位
	20	20	尺寸	直徑	2X Ø 6.60 THRU	mm
	21	21	尺寸	直徑	2X Ø 6.60 THRU	mm
	22	22	幾何公差	位置	⊕.1AB	mm
	23	23	幾何公差	位置	⊕.1AB	mm

再度使用Ctrl鍵跳著複選，或是用Shift鍵連續複選兩孔直徑尺寸與幾何公差。從選中列上按右鍵，在選單中選擇**群組**，且於子選單中再選擇**與共用零件號球分為一組**。

表格管理器

| 零件表 | 規格 | 特性 |

Drag a column header here to group by that column

≡	#ID	#Char	類型	子類型	值	單位
	20	20.1	尺寸	直徑	2X Ø 6.60 THRU	mm
	20	20.2	尺寸	直徑	2X Ø 6.60 THRU	mm
	20	20.3	幾何公差	位置	⊕.1AB	mm
	20	20.4	幾何公差	位置	⊕.1AB	mm

即可看到4個特性值將變成共用同一個零件號球編號，且保持自己的子號球編號。

排序和濾器

對特性表中的欄位進行排序或過濾的能力，以使查找感興趣的項目變得更加容易。

預設情況下，欄位是按照零件號球編號（**#ID**）來排序。

要對欄位進行排序，只需點選表頭。 ≣↑ 類型 ▽

在表頭出現的向上或向下箭頭，係指是按升序還是降序來排序。

若要清除排序，請在有排序的欄位表頭按右鍵，並從選單中選擇 **Clear Sorting**。

此外，可以將濾器應用於欄位上，以限制正在查看的特性值。

要選擇或取消選擇，請點選表頭上的濾器圖示，然後選擇或取消選擇濾器。

STEP 49 過濾幾何公差

點選特性表中**類型**標題上的濾器漏斗圖示，然後從清單列表中選擇**幾何公差**。

請注意，特性表現在只顯示出幾何公差。

表格管理器

零件表	規格	特性

Drag a column header here to group by that column

☰	#ID	#Char	類型 ▼	子類型	值	單位
›	20	20.3	幾何公差	位置	⌖ .1 A B	mm
	20	20.4	幾何公差	位置	⌖ .1 A B	mm

如果要取消濾器，可透過濾器漏斗圖示內選單的 **No blanks** 來清除濾器。

2.9 網格

在包含許多零件號球的大型圖面中，可能很難快速找到特定的零件號球。 SOLIDWORKS Inspection 使您能夠在工程圖上設定網格，並可讓您擷取工程圖的區域位置。如此在圖面上搜尋零件號球時，品檢人員只需要在零件號球所在的網格內查看，而不用尋找整張圖面。

而且網格的使用是很彈性的，可以修改設定所需要的列數和行數、網格線的顏色以及應用它的頁面。

您可以將網格應用和取消應用到圖面上，並選擇要開啟或關閉它。

您還可以使用網格選單來縮放到圖面的某些部分或調整網格的大小。

指令TIPS 網格

- 面板選單：**文件→網格** ⊞。

STEP 50 縮放來配合頁面

在圖紙上按右鍵，在選單內選擇**縮放→配合頁面**。

STEP 51 建立網格

點選**文件→網格** ⊞。

網格被放置在圖面上,並且網格屬性頁面變為啟動狀態,以便可更改網格的各個方面。

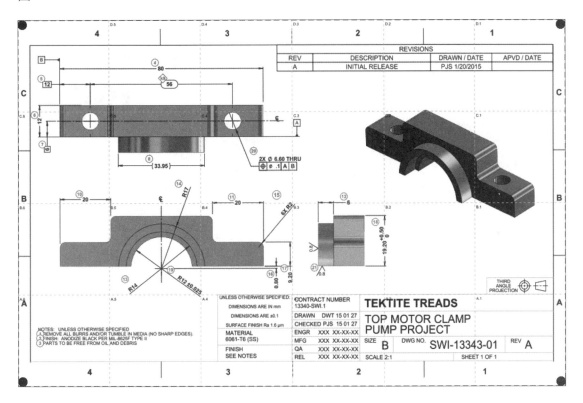

STEP 52 調整網格大小

預設情況下,網格將覆蓋整個圖紙頁面。您可以選擇將其調整為僅覆蓋圖面邊框內的區域或圖面的其他部分。

點選該選項以便可調整網格大小。

點選並拖曳網格邊緣或角落，以調整網格大小來匹配圖面邊框。

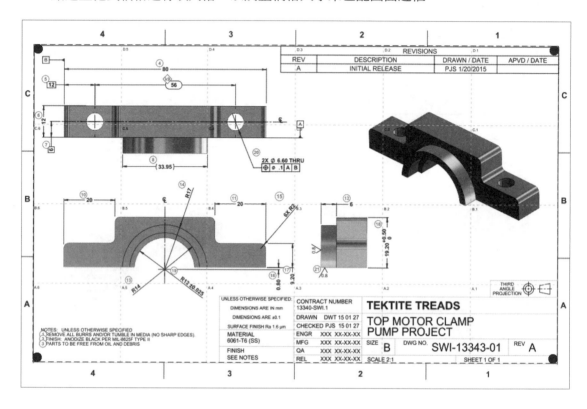

STEP 53 設定顯示和網格選項

關閉網格編號的顯示。

選擇**文件→網格→切換編號顯示**。

改變**欄**的設定以符合圖框區域。

變更排序方向為9到1。

設定**數量多少？**為4，且**開始值**為1。

改變**行**的設定以符合圖框區域。

變更排序方向為Z到A。

設定**數量多少?**為3,且**開始值**為A。

行		
卌	數量多少?	3 ‹ ›
	開始值:	A ▾
	○ ↓A/Z ◉ ↓Z/A ○ ↓1/9 ○ ↓9/1	
排除:		

點選**確定**。

每個特性所在的區域位置將顯示在特性表**字元區域**欄位中。

表格管理器					
零件表 規格 **特性**					
Drag a column header here to group by that column					
≡ #ID	#Char	字元區域	數量	類型	子類型
11	11	B.3	1	尺寸	長度
12	12	B.2	1	尺寸	長度
13	13	A.4	1	尺寸	半徑
14	14	B.3	1	尺寸	半徑

> **提示** **字元區域**和**數量**欄位原本顯示於表格管理器內特性表最右側位置,可以用拖曳欄位表頭或是到**首頁→選項→應用程式選項→使用者介面**來移動欄位到想要的位置。

關閉網格格線的顯示。

選擇**文件→網格→切換格線顯示**。

點選**確定**。

2.10　多個文件

SOLIDWORKS Inspection可讓您在一個檢查專案內使用多個圖檔進行檢查作業，在同一個專案內，不同圖面檔案在獨立的頁籤中被開啟，而特性值的擷取也能在每個文件中被抓取到單一專案中。

若要增加文件，請點選**加入CAD/PDF檔案**，並瀏覽要加入的檔案。

指令TIPS　加入 CAD/PDF 檔案

* 面板選單：**文件→一般→加入CAD/PDF檔案** 📷 。

同樣地，當不再需要某個文件時，也可以將其從專案中刪除。若要刪除文件，請選擇要移除的圖面頁籤，再點選**移除CAD/PDF檔案**。

指令TIPS　移除 CAD/PDF 檔案

* 面板選單：**文件→一般→移除CAD/PDF檔案** 🖼 。

2.11　輸出報告

一旦檢查特性被標出並設定了它們的屬性資料，您就可以將標出的檢查特性資料輸出到檢查報告中。SOLIDWORKS Inspection隨附標準檢查報告範本，包括AS9102表格、PPAP和製程檢查表。您還可以使用SOLIDWORKS Inspection範本編輯器來建立無限數量的自訂Excel檢查範本。

除了輸出檢查報告Excel外，您還可以將標有零件號球的2D圖檔輸出為2D PDF，或將標有零件號球的3D圖檔輸出為3D PDF。

可以在**專案選項**對話框的**輸出**頁面中，更改用於建立帶零件號球的PDF和檢查Excel報告的預設設定。

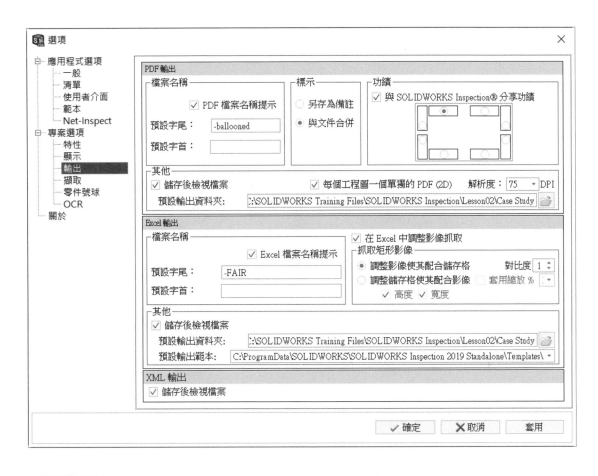

指令**TIPS**　輸出

- 功能表：**檔案→選項→專案選項→輸出**。
- 面板選單：**首頁→選項→專案選項→輸出**。

或者，您可以選擇透過以下方式輸出檢查報告：

- 用於連接第三方軟件的 **XML/CAM XML**。
- **Net-Inspect** 網頁的 FAI 報告。*需要另外購買。*
- **QualityXpert** 網頁的 FAI 報告。*需要另外購買。*

STEP 54 設定輸出選項

點選**首頁→選項→專案選項→輸出**。

對於 **Excel 輸出**內的**檔案名稱**，設定**預設字尾**為 **-FAIR**。

PDF**輸出**內的**檔案名稱**，預設的**預設字尾**為 -ballooned。

點選**確定**。

STEP 55 發佈帶有零件號球的文件

點選**首頁**頁籤，並點選於**發佈**區塊的 **2DPDF(2)**。

儲存檔案的對話框將會出現，指向到合適的位置，並選擇合適的名稱，以保存帶有零件號球的 2D PDF 文件。

點選**存檔**。

帶有零件號球的圖面 PDF 檔將被建立。

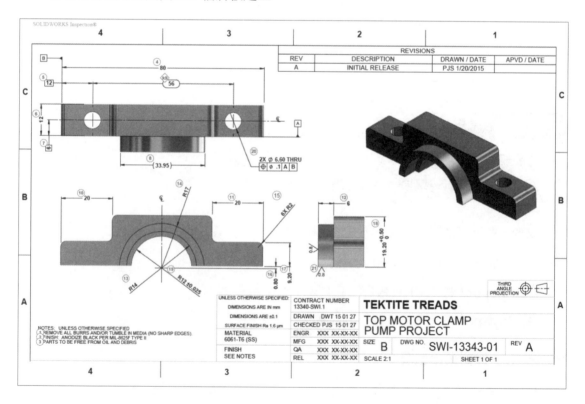

STEP **56** 發佈檢查報告

點選**首頁**頁籤,並點選於**發佈**區塊的 **Excel**。

在輸出至 Excel 窗格內,您可以對輸出選項和文件名稱進行任何必要的更改。

選擇 **AS9102.xlt** 範本,並點選**輸出**。

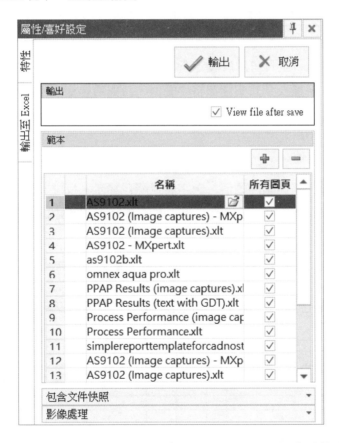

出現**指定輸出檔案名稱**對話框。指向到合適的位置,並選擇合適的名稱,以保存檢查報告。而檢查報告是由 Microsoft Excel 格式所建立。

First Article Inspection Report												
Form 3: Characteristic Accountability, Verification and Compatibility Evaluation												
1. Part Number					2. Part Name					3. *Serial/Lot Number*		4. FAI Report
SWI-13343-01					TOP MQTOR CLAMP PUMP PROJECT					No Results Found		No Results Found
Characteristic Accountability								Inspection / Test Results			Other Fields	
5. Char No.	6. *Reference Location*	7. *Characteristic Designator*	8. Requirement		8a. UoM	8b. Upper Limit	8c. Lower Limit	9. Results	10. *Designed Tooling*	11. *Non-Conformance Number*	14. *Notes*	
1	TopMotorClampRevA pg.1	註解	REMOVE ALL BURRS								REMOVE ALL BURRS AND/OR TUMBLE IN MEDIA (NO SHARP EDGES)	
2	TopMotorClampRevA pg.1 Zone A.4	註解	FINISH: ANODIZE BLACK PER MIL-8625F TYPE II									
3	TopMotorClampRevA pg.1 Zone A.4	註解	PARTS TO BE FREE FROM OIL AND DEBRIS									
4	TopMotorClampRevA pg.1 Zone C.3	長度	80		mm	80.5	79.5					
5	TopMotorClampRevA pg.1 Zone C.4	長度	12		mm							
6	TopMotorClampRevA pg.1 Zone C.4	長度	12		mm	12.5	11.5					
7	TopMotorClampRevA pg.1 Zone C.4	長度	6		mm							
8	TopMotorClampRevA pg.1 Zone B.3	長度	(33.95)		mm							
9*	TopMotorClampRevA pg.1 Zone C.3	長度	56		mm	56.5	55.5					
10	TopMotorClampRevA pg.1 Zone B.4	曲線	20		mm	20.5	19.5		數位卡尺			
11	TopMotorClampRevA pg.1 Zone B.3	長度	20		mm	20.5	19.5					

　　標準 Microsoft Excel 工具可用於設定所需要格式的報告。例如：Results 欄中的儲存格已有設定格式化條件。輸入到該欄儲存格中的值，將與透過檢查零件擷取的實際量測值相對應。格式化條件將立即凸顯所輸入的量測值是否在特性的公差範圍內。

STEP 57　輸入量測值

　　輸入一個在特性公差範圍內的值，數字將以綠色顯示。反之，輸入一個超出特性公差範圍的值，數字將顯示為紅色，任何有問題的區域都會立即顯現出來。

First Article Inspection Report												
Form 3: Characteristic Accountability, Verification and Compatibility Evaluation												
1. Part Number					2. Part Name					3. *Serial/Lot Number*		4. FAI Report
SWI-13343-01					TOP MQTOR CLAMP PUMP PROJECT					No Results Found		No Results Found
Characteristic Accountability								Inspection / Test Results			Other Fields	
5. Char No.	6. *Reference Location*	7. *Characteristic Designator*	8. Requirement		8a. UoM	8b. Upper Limit	8c. Lower Limit	9. Results	10. *Designed Tooling*	11. *Non-Conformance Number*	14. *Notes*	
1	TopMotorClampRevA pg.1	註解	REMOVE ALL BURRS								REMOVE ALL BURRS AND/OR TUMBLE IN MEDIA (NO SHARP EDGES)	
2	TopMotorClampRevA pg.1 Zone A.4	註解	FINISH: ANODIZE BLACK PER MIL-8625F TYPE II									
3	TopMotorClampRevA pg.1 Zone A.4	註解	PARTS TO BE FREE FROM OIL AND DEBRIS									
4	TopMotorClampRevA pg.1 Zone C.3	長度	80		mm	80.5	79.5	80.25				
5	TopMotorClampRevA pg.1 Zone C.4	長度	12		mm							
6	TopMotorClampRevA pg.1 Zone C.4	長度	12		mm	12.5	11.5	11.25				

STEP 58　儲存專案

　　儲存並關閉 Excel 檔案，然後儲存專案檔。

2.12 圖面版本

設計變更是任何設計週期的正常部分。使用SOLIDWORKS Inspection可以輕鬆處理圖面的修訂版。

當收到先前建立的檢查專案的修訂版圖面時，可於修訂版圖面，與現有的SOLIDWORKS Inspection專案圖面上使用**比較**功能來做視覺的比較。

比較後，如果需要，可以使用**取代工程圖**，將現有圖面替換為修改後的圖面。

可以擷取圖面之間的變更項目，而不需要重新開始對修改後的圖面進行作業。

指令TIPS 圖面版本

- 面板選單：**文件→比較** 。
- 面板選單：**文件→取代工程圖** 。
- 文件比較對話框：**取代** 。

◀ **技巧**

如果修改後的圖面尺寸與原始圖面不同，可以透過拖曳圖紙比較邊框，或在圖紙的左下角和右上角加入對正點來對正它們。

指令TIPS 加入左下 / 右上對正點

- 面板選單（當圖面比較功能啟用中）：**文件→比較→加入左下對正點** 。
- 面板選單（當圖面比較功能啟用中）：**文件→比較→加入右上對正點** 。

STEP 59 比較工程圖

點選**比較** 。

從Lesson02\Case Study資料夾中開啟**TopMotorClampRevB.PDF**。

修改後的圖面將在SOLIDWORKS Inspection中開啟，並自動開始比較功能。

新修訂版圖面的新尺寸將顯示為綠色。已刪除且不在新修訂圖紙中的尺寸將顯示為紅色。

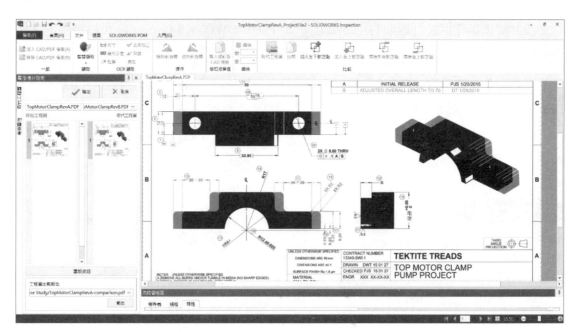

STEP> 60 觀察變化的尺寸

如果我們要用修改後的圖面替換原始圖面，我們需要記錄所有變更，並根據需要更新專案。

注意左上角圖面已更改的尺寸。

關鍵尺寸 56mm 依然保持不變。

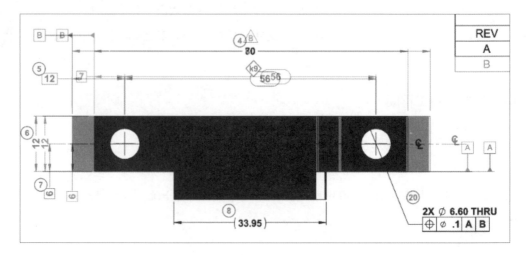

尺寸80mm已變更為70mm，新尺寸值需要進行更新。

由於尺寸從80mm更改為70mm，因此12mm尺寸也更改為7mm。這個新的尺寸值也需要在專案中更新。

STEP 61 關閉比較工程圖

如果我們想保留修改後的圖面，並用它替換當前圖面，我們要更新需要變更的專案特性並點選**取代** ✓ 。

點選**關閉** ✕ 離開比較工程圖。

STEP 62 關閉專案

關閉專案且不儲存。

◆ **刪除 / 重用特性**

如果進行了大範圍的設計變更，您可以根據需要來刪除特性、加入新特性和重用特性編號。

如何刪除特性：

- **從特性表選擇**：在特性上按右鍵，並從右鍵選單中選擇**刪除**。
- **從圖面選擇**：直接在圖面上的零件號球按右鍵，選擇**刪除→刪除零件號球和特性**。

刪除特性時，會出現一個確認對話框。

當不勾選**重新編號剩餘特性**選項時，刪除特性值將保持其他特性編號不變。

被刪除的特性號碼將進入退役號碼列表。

我們可以透過右鍵點選特性表中的特性，並選擇**特徵編號重複使用**以選擇所需的編號來重複使用該編號。

特性編號重複使用	▶	全部
更新特性值		7

練習 2-1 尺寸零件號球

使用SOLIDWORKS Inspection單機版程式將零件號球加入到工程圖中的尺寸上。

此範例將增強您以下技能：

- 建立一個新專案
- 專案屬性設定
- 隱藏和顯示擷取的註解
- 驗證特性值

操作步驟

建立一個新的專案，並使用：

- AS9102(Metric).ixpdot範本。
- ColletHolder.PDF檔案。

STEP 1 輸入如圖所示的專案屬性

儘量使用智慧擷取來抓取標題欄的資訊。

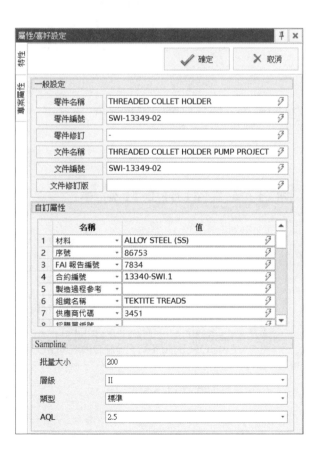

STEP 2 建立零件號球

> **提示** 檢查擷取尺寸的標準值和公差,以確保擷取工作正常,必要時可以重新抓取和修改。

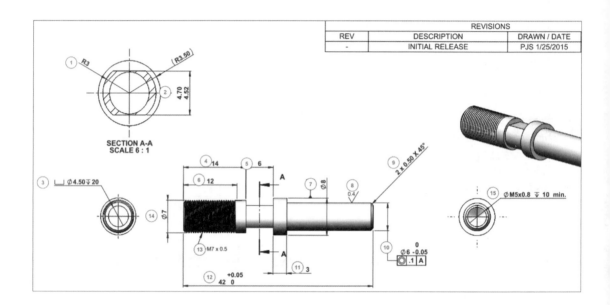

	REVISIONS		
REV	DESCRIPTION	DRAWN / DATE	
-	INITIAL RELEASE	PJS 1/25/2015	

STEP 3 儲存並關閉檢查專案

練習 2-2 註解零件號球

使用 SOLIDWORKS Inspection 單機版程式將零件號球加入到工程圖中的註解上。

> NOTES: UNLESS OTHERWISE SPECIFIED
> 16.1 REMOVE ALL BURRS AND/OR TUMBLE IN MEDIA (NO SHARP EDGES).
> 16.2 FINISH: ANODIZE BLACK PER MIL-8625F TYPE II
> 16.3 DIMENSIONS AND SURFACE ROUGHNESS APPLY BEFORE PLATING & CHEMICAL COATING FINISHES.
> 16.4 VENDOR INSPECTION DIMENSIONS ARE NOTED WITH RED BALLOONS.

此範例將增強您以下技能:

- 擷取註解
- 特性群組

操作步驟

STEP 1 開啟專案

從 Lesson02\Exercises\Exercise05 資料夾中開啟 ColletHolder.ixprj。

STEP 2 建立註解零件號球

為每一個註解建立各自的零件號球。

STEP 3 將註解特性群組

將四個註解特性群組起來，使它們每個都有一個子零件號球，但共享一個主要特性編號，如上圖所示。

STEP 4 儲存並關閉檢查專案

練習 2-3 發佈具有零件號球的圖面以及檢查報告

使用 SOLIDWORKS Inspection 單機版程式來發佈具有零件號球的 PDF 圖面，以及 Excel 檢查報告。

此範例將增強您以下技能：

- 發佈檢查報告

操作步驟

STEP 1 開啟專案檔

從 Lesson02\Exercises\Exercise06 資料夾中開啟 ColletHolder.ixprj。

STEP 2 輸出 2D PDF

輸出的 2D PDF 如下：

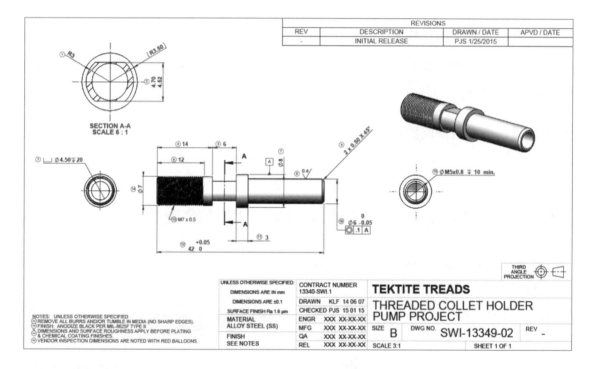

STEP 3 輸出 Excel

使用 AS9102.xlt 範本來輸出 Excel。

	First Article Inspection Report											
	Form 3: Characteristic Accountability, Verification and Compatibility Evaluation											
1. Part Number					**2. Part Name**						**3. Serial/Lot Number**	**4. FAI Report**
SW1-13349-02					THREADED COLLET HOLDER						No Results Found	No Results Found
Characteristic Accountability								**Inspection / Test Results**			**Other Fields**	
5. Char No.	6. Reference Location	7. Characteristic Designator	8. Requirement		8a. UoM	8b. Upper Limit	8c. Lower Limit	9. Results	10. Designed Tooling	11. Non-Conformance Number	14. Notes	
1	ColletHolder pg.1	半徑	3		mm	3.3	2.7					
2	ColletHolder pg.1	半徑			mm							
3.1	ColletHolder pg.1	直徑	4.50		mm	4.60	4.40					
3.2	ColletHolder pg.1	角度	2		deg	2	2					
4	ColletHolder pg.1	長度	14		mm	14.3	13.7					
5	ColletHolder pg.1	長度	6		mm	6.3	5.7					
6	ColletHolder pg.1	長度	12		mm	12.3	11.7					
7	ColletHolder pg.1	長度	8 / 0		mm	8	0					
8	ColletHolder pg.1	粗糙度	SEE PRINT		µm							
9	ColletHolder pg.1	粗糙度	SEE PRINT		µm							
10.1	ColletHolder pg.1	直徑			mm							
10.2	ColletHolder pg.1		SEE PRINT FOR GTOL									
11	ColletHolder pg.1	長度	3		mm	3.3	2.7					
12	ColletHolder pg.1	角度			deg							
13	ColletHolder pg.1	長度	7 / 0.5		mm	7	0.5					
14	ColletHolder pg.1	長度	8		mm	8	8					
15.1	ColletHolder pg.1	直徑	5 / 0.8		mm	5	0.8					
15.2	ColletHolder pg.1	長度	10		mm	10.3	9.7					
16.1	ColletHolder pg.1	註解	REMOVE ALL BURRS									
16.2	ColletHolder pg.1	註解	FINISH: ANODIZE BLACK									
16.3	ColletHolder pg.1	註解	DIMENSIONS AND									
16.4	ColletHolder pg.1	註解	VENDOR INSPECTION									
The signature indicates that all characteristics are accounted for; meet drawing requirements or are properly documented for disposition.												

STEP 4　輸入值

輸入一些值到Results欄位內，來驗證通過／失敗狀態顯示。

STEP 5　儲存並關閉檢查專案

NOTE

03

SOLIDWORKS
Inspection Professional

順利完成本章課程後，您將學會：

- 加載 **SOLIDWORKS Inspection Professional**
- 在檢查專案中手動加入量測值
- 從三次元量測儀輸入量測值
- 產生含有量測值的檢查報告

3.1　概述

　　SOLIDWORKS Inspection Professional 係透過使用者，以提供多種將量測值直接輸入到 SOLIDWORKS Inspection 專案中的方法來擴展此軟體功能，以幫助簡化零件檢查作業。每個特性值的量測值結果都可以使用手動輸入、使用數位卡尺或輸入三次元量測儀（CMM）。

3.1.1　量測值輸入

　　量測輸入提供了一種將實際量測值輸入到檢查專案中的方法。輸入量測值後，SOLIDWORKS Inspection Professional 會將所需檢查值與輸入值進行比較。然後會反白強調量測值以表示量測值是在公差範圍內、超出公差或是臨界公差。

　　接著軟體會根據狀態分別對圖面中的量測單元和零件號球特性進行著色，預設顏色分別為綠色、紅色或黃色。而顏色設定是可另外自行設定的。

3.1.2　CMM資料輸入

　　SOLIDWORKS Inspection Professional 軟體使用者能夠從 CMM 報告中輸入量測值，並將其與圖面中的尺寸預期值進行整合，以建立完整的檢查報告。SOLIDWORKS Inspection Professional 幾乎可以從任何 CMM 程式中來輸入量測數據。

3.2　掛載 Inspection Professional 程式

　　要開始使用 SOLIDWORKS Inspection Professional 功能，附加程式需要掛載到 SOLIDWORKS Inspection 軟體中。

指令TIPS　量測輸入與 CMM 資料輸入

- 功能表：檔案→選項→應用程式選項→一般→附加程式→量測輸入與 **CMM** 資料輸入。
- 面板選單：首頁→選項→應用程式選項→一般→附加程式→量測輸入與 **CMM** 資料輸入。

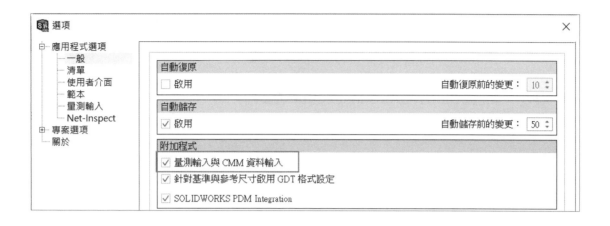

3.3 實例研究：量測值輸入

　　Motor clamp圖面之前已加入零件號球並儲存為專案檔。在此我們將使用SOLIDWORKS Inspection Professional功能來輸入特性量測值。

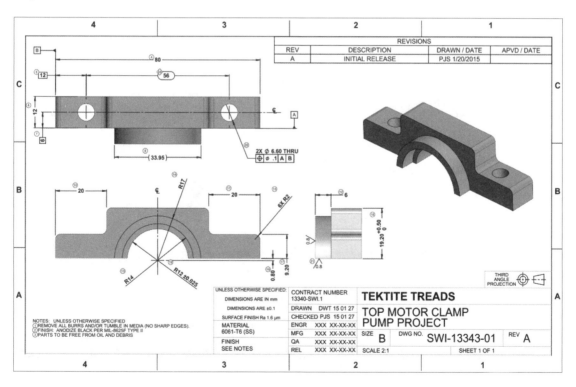

STEP 1 執行 **SOLIDWORKS Inspection**

開啟 SOLIDWORKS Inspection 單機版應用程式 🟦。

STEP 2 開啟 **SOLIDWORKS Inspection 專案檔**

選擇**開啟專案**。

從 Lesson03\Case Study 資料夾中開啟 TopMotorClampRevA.ixprj。

STEP 3 掛載 **SOLIDWORKS Inspection Professional**

於 SOLIDWORKS Inspection 功能面板點選**首頁→選項→應用程式選項→一般**。

在**附加程式**底下勾選**量測輸入與 CMM 資料輸入**。

點選**確定**。

附加程式
☑ 量測輸入與 CMM 資料輸入
☑ 針對基準與參考尺寸啟用 GDT 格式設定
☑ SOLIDWORKS PDM Integration

量測輸入窗格出現在表格管理器右側，**CMM 資料輸入**窗格出現在軟體介面的右側。（可釘選各窗格來保持可見）

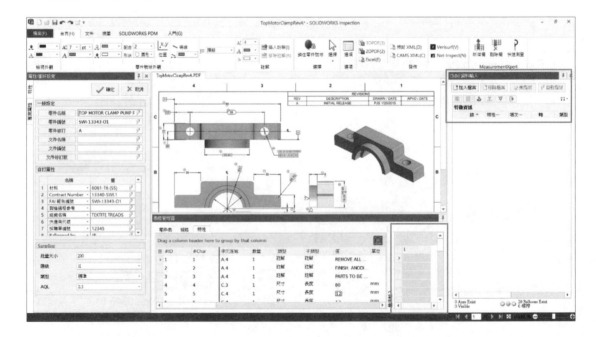

3.4 量測值輸入

量測輸入表存有已檢查零件的量測值。可以根據需要為每次的量測新增新欄做紀錄。首次新增新欄時，預設將其命名為1。如果需要，可以將此欄重新命名為更適合更好描述的名稱。例如：零件號碼、批號、序號和日期…都可能是欄位名稱的不錯選擇。

要重新命名、新增或刪除欄，請在量測輸入表的上方區域點選右鍵，然後選擇需要的功能。

此外，可以使用**首頁→MeasurementXpert**群組中的指令來新增或刪除欄。

> **STEP 4** 準備一個資料欄

如果新欄尚不存在，請新增一欄。

量測輸入表中的第一欄應為1。

選擇表格的右邊緣並調整欄的寬度以配合要輸入的值。

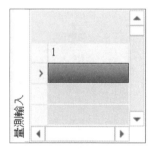

3.4.1 量測值輸入

可以透過兩種方式將量測值輸入到量測輸入表中：

- 手動。
- 數位測微器或數位游標卡尺。

數位量測儀器通常透過USB與電腦連接，每當按下儀器上的數據按鈕時，它都會將當前顯示在螢幕上的量測值插入到量測輸入表的單元格中。

3.4.2 特性值色彩編碼

當輸入特性的量測值後，它們會根據**量測輸入→顯示**選項中的設定自動進行色彩編碼。預設情況下，根據下表為特性分配顏色：

色彩	描述
灰色	未指定
綠色	通過
黃色	臨界通過
紅色	失敗

指令TIPS 顯示

- 功能表：**檔案→選項→應用程式選項→量測輸入→顯示**。
- 面板選單：**首頁→選項→應用程式選項→量測輸入→顯示**。

特定尺寸的量測值將從綠色（**通過**）變為黃色（**臨界通過**）的決定點係由**量測輸入**中的**通過區域%**選項設定來計算。

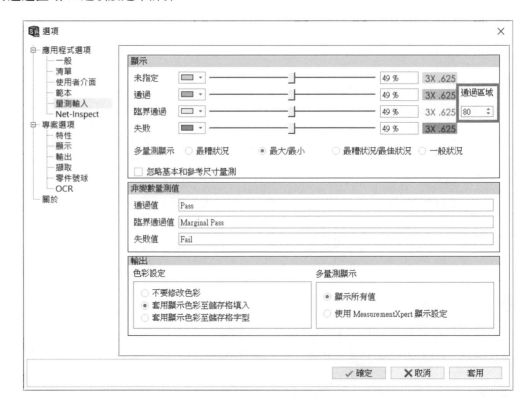

通過區域%表示為尺寸公差值的百分比，如果量測值在公差上下限範圍內，則在該尺寸之外的量測值被視為臨界通過。例如：考慮以下尺寸：

值	正公差	負公差	上限	下限
50	+1	-1	51	49

假設在量測輸入選項中**通過區域%**設定為**80%**。由於本例中尺寸的正公差為1，因此將量測值視為合格的正公差區域為1的80%，即0.8。正值範圍內的通過值將是標準值+此數值，也就是50+0.8=50.8。

任何大於此值但仍小於上限，也是說50.8到51間的值將被視為臨界通過。

每個通過區域的顏色和透明度以及其他顯示選項還可以另外設定。

對於非數字特性量測值，可以輸入**Pass**、**Marginal Pass**或**Fail**的預設文字值（可自行修改預設文字，如：OK、NG）並賦予適當的顏色。

非變數量測值	
通過值	Pass
臨界通過值	Marginal Pass
失敗值	Fail

多量測顯示選項可讓您選擇是否顯示具有多個量測值的特性，您可選擇最糟狀況、最大/最小、最糟狀況/最佳狀況、一般狀況。

多量測顯示	○ 最糟狀況	◉ 最大/最小	○ 最糟狀況/最佳狀況	○ 一般狀況

- **最糟狀況**：只顯示最差的量測值。
- **最大/最小**：顯示最大量測值和最小量測值。
- **最糟狀況/最佳狀況**：顯示最差的量測值和最接近標準值的量測值。
- **一般狀況**：顯示所有量測值的平均值。

下表以尺寸標準值為50、正公差1、負公差-1、上限51、下限49為例：

最糟狀況	最大 / 最小	最糟狀況 / 最佳狀況	一般狀況
49.1	50.81 | 49.1	49.1 | 50.8	50.236667
值	值	值	值
50.8	50.8	50.8	50.8
50.81	50.81	50.81	50.81
49.1	49.1	49.1	49.1

單格量測值可以在下拉選單中使用　✚　輸入多個量測值，分別為50.8、50.81、49.1，其中量測值差標準值最多的是49.1（最糟），最大量測值為50.81，最小量測值為49.1，最接近標準值為50.8，三個量測值的平均值為50.236667。

STEP 5 加入一個通過的量測值

點選**#Char 4**的**序列1**量測輸入欄位。

特性資料之上限值為**80.5**、下限值為**79.5**，請在量測輸入欄位內輸入79.9並按**Enter**鍵完成。

≡	#ID	#Char	字元區域	數量	類型	子類型	單位	值	正公差	負公差	上限	下限	量測輸入	1
	4	4	C.3	1	尺寸	長度	mm	80	+.5	-.5	80.5	79.5		79.9

由於量測值在該尺寸的公差範圍內並且將通過檢查，因此表格單元格和圖面上帶零件號球的尺寸將用綠色矩形顯示。

④ **80**

STEP 6 加入一個失敗的量測值

點選**#Char 6**的**序列1**量測輸入欄位。

特性資料之上限值為**12.5**、下限值為**11.5**，請在量測輸入欄位內輸入12.6並按**Enter**鍵完成。

≡	#ID	#Char	字元區域	數量	類型	子類型	單位	值	正公差	負公差	上限	下限	量測輸入	1
	6	6	C.4	1	尺寸	長度	mm	12	+.5	-.5	12.5	11.5		12.6

由於量測值超出了該尺寸的公差範圍並且無法通過檢查，因此表格單元格和圖面上帶零件號球的尺寸將用紅色矩形顯示。

STEP 7 加入一個臨界通過量測尺寸

點選**#Char 14**的**序列1**量測輸入欄位。

特性資料之上限值為**17.5**、下限值為**16.5**，請在量測輸入欄位內輸入17.45並按**Enter**鍵完成。

☰	#ID	#Char	字元區域	數量	類型	子類型	單位	值	正公差	負公差	上限	下限	則輸入	1
	14	14	B.3	1	尺寸	半徑	mm	R17	+.5	-.5	17.5	16.5		17.45

量測值在該尺寸的公差範圍內，但由於量測值接近公差上限，只能勉強通過檢查，因此表格單元格和圖面上帶零件號球的尺寸將用黃色矩形顯示，表示這是一個需要更密切監測的區域。

STEP 8 加入更多檢查值

在**量測輸入**表中輸入額外的測試尺寸，類似於顯示的尺寸值。

上限	下限		1
80.5	79.5		79.9
12.5	11.5		12.6
6.5	5.5		6
56.5	55.5		56.1
20.5	19.5		20
20.5	19.5	>	20.1
6.5	5.5		6.25
14.5	13.5		14.1
17.5	16.5	則輸入	17.45

3.4.3 多重量測值

可以為任何給定特性輸入多個量測值。若要為單個項目加入多個量測值，請點選**量測輸入**表中其單元格中的向下箭頭。

這將開啟一個多重量測值輸入框。

點選 ╋ 要加入到列表中的每個量測值並輸入值。

點選 ━ 以刪除輸入值。

3.4.4 補償公差

對於具有 **MMC** 或 **LMC** 修飾符並應用於特徵尺寸的幾何公差，如果特徵尺寸偏離最大實體狀態（MMC），則可能存在適用的補償公差。

在這種情況下，可以將補償公差與量測的位置度值一起輸入。除了量測的位置度值之外，還可使用補償公差來計算特性是否在公差範圍內、超出公差範圍或略微在公差範圍內。

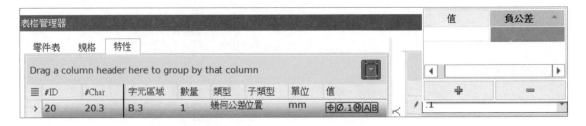

舉例來說，如果 #ID 20 的孔直徑上下限為 6.50 到 6.70，若實際量測值位於 MMC 或 6.50，則該孔可能具有 0.20 的補償公差。

如果量測的實際孔徑為 6.60，則可以加入 0.10 的補償公差，並將其包含在計算中以確定特性的狀態。

3.5 發佈帶有檢查結果的報告

一旦輸入了量測的檢查值，就可以將量測數據與檢查報告一起輸出。為了將量測值包含在檢查報告中，範本必須包含**名義值**量測記號。

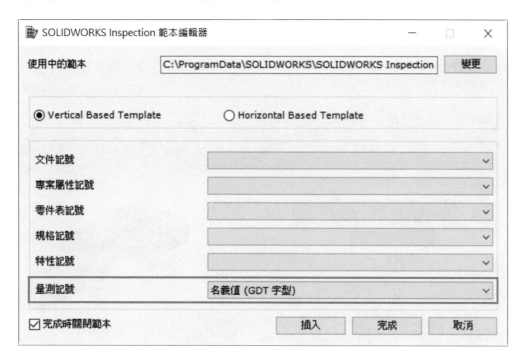

SOLIDWORKS Inspection軟體附帶標準檢查報告範本，其中包括所需的值標記：

- **AS9102-MXpert.xlt**。
- **AS9102(Image captures)-MXpert.xlt**。
- **Process Performance(image captures).xlt**。
- **Process Performance.xlt**。

Inspection / Test Results		
9. Results	10. Designed / Qualified Tooling	11. Nonconformance Number
iex:INSPECTIONXPERT/INSPECTION_SHEET/ATTRIBUTES/ATTRIBUTE/Measurements/Measurement/@Value	iex:INSPECTIONXPERT/INSPECTION_SHEET/ATTRIBUTES/ATTRIBUTE/@Process	

STEP 9 發佈檢查報告

點選**首頁**→**發佈**→**2DPDF**。

出現**儲存檔案**的對話框,請指向合適的位置以儲存帶有零件號球的PDF圖面,並給予合適的名稱。

點選**存檔**。

該帶有零件號球的PDF圖面,將於每個零件號球上用適當的顏色顯示特性的檢查狀態。

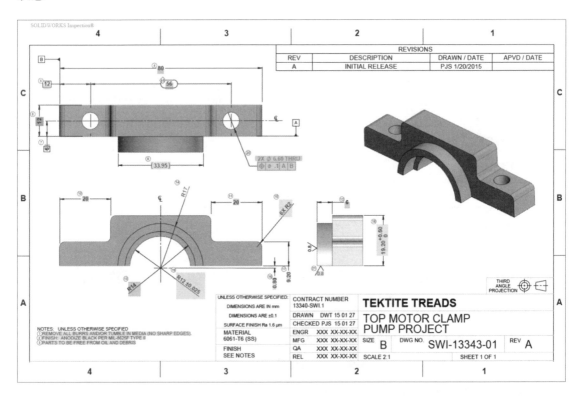

點選**首頁**→**發佈**→**Excel**。

在**輸出至Excel**窗格中,選擇**AS9102-MXpert.xlt**範本。

點選**輸出**並給予適當的檔名。

該檢查報告以Microsoft Excel®格式建立,並顯示檢查值及其相關顏色。

	1. Part Number				2. Part Name					3. Serial/Lot Number	4. FAI Report
3	SWI-13343-O1				TOP MOTOR CLAMP PUMP PRQJECT					No Results Found	No Results Found
4											
5	**Characteristic Accountability**					**Inspection / Test Results**				**Other Fields**	
6	5. Char No.	6. Reference Location	7. Characteristic Designator	8. Requirement	8a UoM	8b. Upper Limit	8c. Lower Limit	9. Results	10. Designed Tooling	11. Non-Conformance Number	14. Notes
7								1			
8	1	TopMotorClampRevA pg.1, Zone A.4	註解	REMOVE ALL BURRS AND/OR TUMBLE IN MEDIA							REMOVE ALL BURRS AND/OR TUMBLE IN MEDIA (NO SHARP EDGES)
9	2	TopMotorClampRevA pg.1, Zone A.4	註解	FINISH: ANODIZE BLACK PER MIL-8625F TYPE II							
10	3	TopMotorClampRevA pg.1, Zone A.4	註解	PARTS TO BE FREE FROM OIL AND DEBRIS							
11	4	TopMotorClampRevA pg.1, Zone C.3	長度	80	mm	80.5	79.5	79.9			
12	5	TopMotorClampRevA pg.1, Zone C.4	長度	[12]	mm						
13	6	TopMotorClampRevA pg.1, Zone C.4	長度	12	mm	12.5	11.5	12.6			
14	7	TopMotorClampRevA pg.1, Zone C.4	長度	6	mm	6.5	5.5	6			
15	8	TopMotorClampRevA pg.1, Zone B.3	長度	(33.95)	mm						
16	9*	TopMotorClampRevA pg.1, Zone C.3	長度	56	mm	56.5	55.5	56.1			
17	10	TopMotorClampRevA pg.1, Zone B.4	長度	20	mm	20.5	19.5	20	數位卡尺		
18	11	TopMotorClampRevA pg.1, Zone B.3	長度	20	mm	20.5	19.5	20.1			
19	12	TopMotorClampRevA pg.1, Zone B.2	長度	6	mm	6.5	5.5	6.25			
20	13	TopMotorClampRevA pg.1, Zone A.4	半徑	R14	mm	14.5	13.5	14.1			
21	14	TopMotorClampRevA pg.1, Zone B.3	半徑	R17	mm	17.5	16.5	17.45			

3.6　CMM 資料輸入

使用三次元量測儀（CMM）進行的量測，通常以電子方式儲存在CMM上，並且可以輸出文件以供其他軟體做進一步處理。

在品管作業中有許多不同的CMM製造商，且具有許多不同的輸出文件格式。為了讓像是SOLIDWORKS Inspection Professional等軟體使用資料檔中包含的數據，必須考慮使用的特定文件格式。

SOLIDWORKS Inspection Professional軟體附帶許多範本，可用於大多數現有CMM輸出文件格式來擷取相關量測數據。

CMM資料輸入→設定工具可讓您根據所需來自訂現有範本或在必要時建立新範本。CMM資料輸入工具欄位於軟體介面右側的CMM面板頂部。

指令TIPS　設定

- CMM資料輸入工具欄：**設定** 📝。

3.7 | 實例研究：輸入CMM資料

在本實例研究中，我們將輸入三次元量測儀的量測資料來產生檢查報告，這量測資料是以 **PC-DMIS** 格式所輸出的文字檔。

我們將研究將量測值整合到專案特性值的各種方法。一旦數據皆適當地分配後，我們將輸入額外的CMM檔案，並利用我們已經完成的數據來整合。

STEP 1 開啟 **SOLIDWORKS Inspection** 專案檔

點選**開啟專案**。

從 Lesson03\Case Study\CMM Import 資料夾中開啟 CMM Data Import.ixprj。

STEP 2 選擇 **CMM** 範本

從 **CMM** 資料輸入窗格點選**設定** 。

設定對話框的**範本控制**部分，包含可選擇用於 CMM 資料輸入的範本列表。還有用於自定義和建立新範本的工具。

選擇 **PC-DMIS** 範本並點選**確定**。

STEP 3　選擇資料檔

於**CMM 資料輸入**窗格內點選**加入檔案**。

從Lesson03\Case Study\CMM Import資料夾中開啟PCDMIS C001.txt。

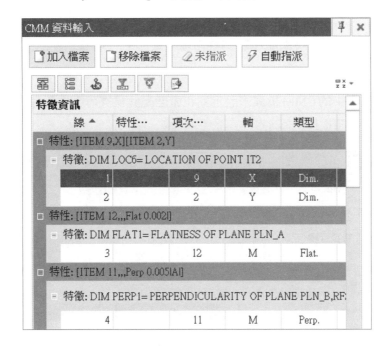

來自CMM檢查檔的數據被輸入到專案中。

輸入的數據出現在**CMM 資料輸入**窗格中。量測結果需要對應到專案中的特性值。SOLIDWORKS Inspection Professional軟體含有助於使數據對應盡可能簡單的工具。

如果CMM檢查表的項目編號與特性編號是匹配的,那麼將量測值與特性匹配在一起是非常容易的。您只需使用**自動指派**工具並選擇依**項次編號**來指派。

STEP 4　依項次編號來自動指派

在**CMM 資料輸入**窗格內點選**自動指派**。

勾選**項次編號**並清除勾選其他選項。

點選 ✓ 。

點選**是**來覆寫任何現有的CMM結果。

Assign by:
☑ 項次編號
☐ 類型
☐ 名義
☐ 正公差
☐ 負公差
✓　✗

CMM 量測值將透過項次編號與專案特性編號來匹配，並且匹配的值將會在**量測輸入**窗格中插入一欄量測值。

由於此實例研究中的 CMM 檔案未設定為正確匹配此檢查專案中的特性，因此 CMM 量測值將無法正確匹配預期值。

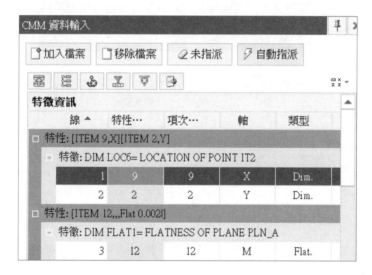

沒有對應到特性的項目將在 CMM 資料輸入窗格中以未指定零件號球顏色反白強調。它們被認為不匹配的原因，是因為它們的項次編號與特性編號相匹配，但名義值、公差和其他細節卻是不匹配的。

量測輸入窗格和圖面本身中的大多數值都將以紅色超出公差顏色反白強調，因為通常不匹配的值不會落在可接受的公差範圍內，除非是偶然的。

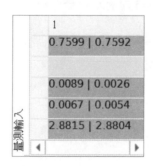

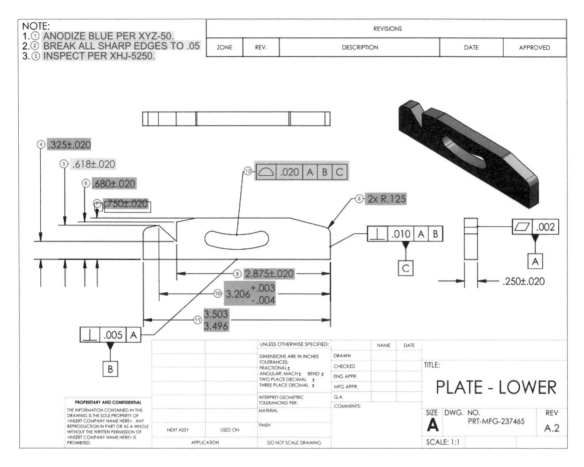

為了更正不匹配的值,我們將使用自動指派工具的功能來匹配來自不同準則的數據,而不是單純地使用項次編號。

STEP 5 不使用項次編號來自動指派

點選**自動指派** 🔊 自動指派 。

清除勾選**項次編號**並勾選其他選項。

點選 ✓ 。

點選**是**來覆寫任何現有的CMM結果。

Assign by:
- ☐ 項次編號
- ☑ 類型
- ☑ 名義
- ☑ 正公差
- ☑ 負公差

✓   ✗

　　CMM 量測值將透過**類型**、**名義**、**正負公差**來匹配，而不是簡單地透過項次編號與專案特性編號進行匹配。這一次，大多數特性都指派了盡可能正確的量測值，且圖面上大多數特性值都以綠色來反白強調。

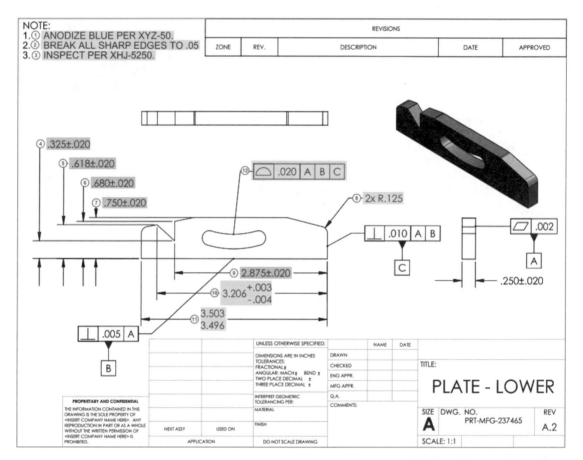

　　如果某些特性仍然與相應的量測值不匹配，則可以使用不同的指派準則或手動方式來指派它們。

　　請注意，特性 #10 是以灰色框突出顯示。代表它與量測的項次編號不匹配。

STEP 6　手動指派

在**表格管理器**內的**特性表**中，點選特性值#10那一列。

☰ #ID	#Char	字元區域	數量	類型	子類型	單位	值	正公差	負公差	上限	下限
10	10		1	尺寸	長度	in	3.206	+.003	-.05	3.209	3.201
11	11		1	尺寸	長度	in	3.503 / 3.496			3.503	3.496

在**CMM資料輸入**窗格中，滾動到項次編號#9，它位於數據的第一列。右鍵點選第一列中的特性編號#單元格，然後從右鍵選單中點選**將結果指派至所選特性**。

線 ▲	特性編號	項次編號	軸	類型	名義
☐ 特性: [ITEM 9,X][ITEM 2,Y]					
─ 特徵: DIM LOC6= LOCATION OF POINT IT2					
1		9	X	Dim.	-3.2060
2	5	將結果指派至所選特性		Dim.	0.6180

特性#10現在分配給項次編號#9，並以綠色框突出顯示，表示量測值在公差範圍內。

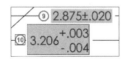

線 ▲	特性編號	項次編號	軸	類型	名義
☐ 特性: [ITEM 9,X][ITEM 2,Y]					
─ 特徵: DIM LOC6= LOCATION OF POINT IT2					
1	10	9	X	Dim.	-3.2060
2	5	2	Y	Dim.	0.6180

將CMM量測值正確指派到對應的專案特性後，只要將具有相同格式的數據文件加入到專案中，這些對應方式就會自動執行。

STEP 7　由另一個檔案輸入量測值

在**三次元資料輸入**點選**加入檔案**。

從Lesson03\Case Study\CMM Import資料夾中開啟PCDMIS C002.txt三次元量測檔。

將會自動套用之前的量測數據比對方式。

特徵資訊									2 檔案	
線 ▲	特性編號	項次編號	軸	類型	名義	正公差	負公差	檔案1	檔案2
☐ 特性: [ITEM 9,X][ITEM 2,Y]										
特徵: DIM LOC6= LOCATION OF POINT IT2										
1	10	9	X	Dim.	-3.2060	0.0040	0.0030	-3.2071	-3.2083
2	5	2	Y	Dim.	0.6180	0.0200	0.0200	0.6176	0.6162
☐ 特性: [ITEM 12,,,Flat 0.002I]										
特徵: DIM FLAT1= FLATNESS OF PLANE PLN_A										
3		12	M	Flat.	0.0000	0.0020		0.0014	0.0017
☐ 特性: [ITEM 11,,,Perp 0.005lAl]										
特徵: DIM PERP1= PERPENDICULARITY OF PLANE PLN_B,RFS TO WORKPLANE ZPLUS										
4		11	M	Perp.	0.0000	0.0050		0.0024	0.0032

STEP 8 發佈檢查報告

點選**首頁**→**發佈**→ **2DPDF**。

出現**儲存檔案**的對話框,請指向合適的位置以儲存帶有零件號球的 PDF 圖面,並給予合適的名稱。

點選**存檔**。

該帶有零件號球的 PDF 圖面,將於每個零件號球上用適當的顏色顯示特性的檢查狀態。

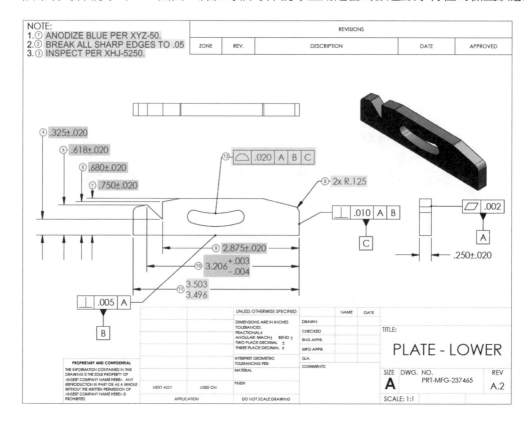

點選**首頁→發佈→Excel**

在**輸出至 Excel** 窗格，選擇 **AS9102-MXpert.xlt** 範本。

點選**輸出**並給予一適當的檔名。

該檢查報告以 Microsoft Excel® 格式建立，並顯示檢查值及其相關顏色。

	A	B	C	D	E	F	G	H	I	J	K
1					First Article Inspection Report						
2					Form 3: Characteristic Accountability, Verification and Compatibility Evaluation						
3		1. Part Number				2. Part Name					
4		PRT-MFG-237465				PLATE - LOWER					
5		Characteristic Accountability							Inspection / Test Results		
6		5. Char No.	6. Reference Location	7. Characteristic Designator	8. Requirement	8a. UoM	8b. Upper Limit	8c. Lower Limit	9. Results		10. Designed Tooling
7									1	2	
8		1	LOWER PLATE - A2	註解	ANODIZE BLUE PER XYZ-						
9		2	LOWER PLATE - A2 pg.1	註解	BREAK ALL SHARP EDGES TO .05						
10		3	LOWER PLATE - A2	註解	INSPECT PER XHJ-5250.						
11		4	LOWER PLATE - A2 pg.1	長度	.325	in	0.345	0.305	0.3283	0.3272	
12		5	LOWER PLATE - A2 pg.1	長度	.618	in	0.638	0.598	0.6176	0.6162	
13		6	LOWER PLATE - A2 pg.1	長度	.680	in	0.700	0.660	0.6797	0.6784	
14		7	LOWER PLATE - A2 pg.1	長度	.750	in	0.770	0.730	0.7592 0.7599	0.7573 0.7587	
15		8	LOWER PLATE - A2 pg.1	半徑	.125	in	0.175	0.075			
16		9	LOWER PLATE - A2	長度	2.875	in	2.895	2.855	2.8804 2.8816	2.8816 2.8803	
17		10	LOWER PLATE - A2 pg.1	長度	3.206	in	3.209	3.201	3.2071	3.2083	
18		11	LOWER PLATE - A2	長度	3.503 / 3.496	in	3.503	3.496			

技巧

當檢查附加零件時，可以將數據文件加入到檢查專案中。Microsoft Excel 或其他工具可隨著時間推移來監控特性變化和趨勢，以嘗試改進製程。

練習 3-1 量測值輸入

請使用SOLIDWORKS Inspection Professional來輸入量測的特性值。完成發佈含有尺寸值的零件號球PDF圖面，以及Microsoft Excel®的檢查報告。

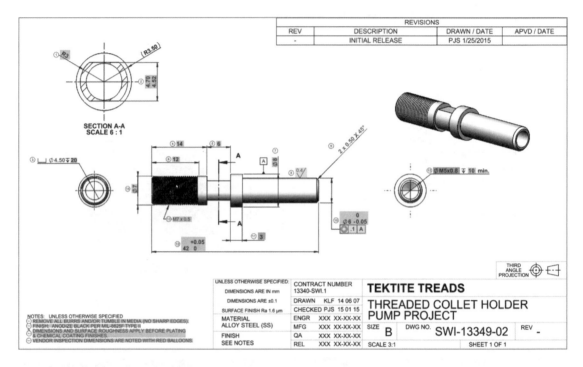

此範例將增強您以下技能：

- 附加SOLIDWORKS Inspection Professional
- 量測資料輸入
- 發佈帶有檢查結果的報告

操作步驟

STEP 1 開啟專案檔

從Lesson03\Exercises\Exercise07資料夾中開啟ColletHolder.ixprj。

STEP 2 輸入特性值

在量測輸入表中輸入一些測試尺寸,類似於以下尺寸值:

值	正公差	負公差	上限	下限		1
3	+.3	-.3	3.3	2.7		2.8
4.70 / 4.52			4.70	4.52		4.6
4.50	+.1	-.1	4.60	4.40		4.4
20	+.3	-.3	20.3	19.7		19.9
14	+.3	-.3	14.3	13.7		14.1
6	+.3	-.3	6.3	5.7		6.2
12	+.3	-.3	12.3	11.7		12.1
8	+.3	-.3	8.3	7.7		8.2
SEE PRINT						0.4
0.50	+.1	-.1	0.60	0.40		.41
45	0	-5	45	40		45
6	+0	-0.05	6	5.95		5.97
SEE PRINT ...						.1
3	+.3	-.3	3.3	2.7		3.4
42	+0.05	-0	42.05	42		42.01
SEE PRINT						Pass
7	+.3	-.3	7.3	6.7		6.9
SEE PRINT						Fail
10	+.3	-0	10.3	10		10.2
REMOVE A...						Pass
FINISH: AN...						Pass
DIMENSION...						Pass
VENDOR IN...						Pass

量測輸入

STEP 3 發佈 PDF 與 Excel

發佈顯示量測狀態的零件號球 PDF 圖面。

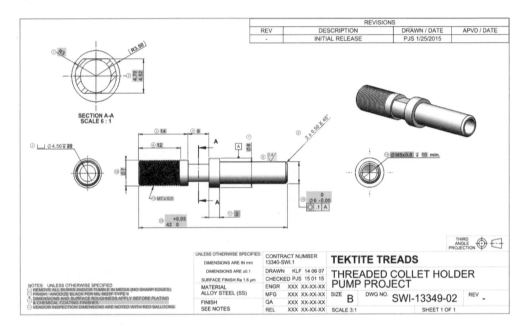

使用 **AS9102-MXpert.xlt** 範本來**輸出至 Excel**，並包含量測結果。

	First Article Inspection Report									
	Form 3: Characteristic Accountability, Verification and Compatibility Evaluation									
1. Part Number			2. Part Name					3. Serial/Lot Number	4. FAI Report	
SW1-13349-02			THREADED COLLET HOLDER					No Results Found	No Results Found	
Characteristic Accountability				**Inspection / Test Results**				**Other Fields**		
5. Char No.	6. Reference Location	7. Characteristic Designator	8. Requirement	8a. UoM	8b. Upper Limit	8c. Lower Limit	9. Results	10. Designed Tooling	11. Non-Conformance Number	14. Notes
1	ColletHolder pg.1	半徑	3	mm	3.3	2.7	2.8			
2	ColletHolder pg.1	長度	4.70 / 4.52	mm	4.70	4.52	4.6			
3.1	ColletHolder pg.1	直徑	4.50	mm	4.60	4.40	4.4			
3.2	ColletHolder pg.1	長度	20	mm	20.3	19.7	19.9			
4	ColletHolder pg.1	長度	14	mm	14.3	13.7	14.1			
5	ColletHolder pg.1	長度	6	mm	6.3	5.7	6.2			
6	ColletHolder pg.1	長度	12	mm	12.3	11.7	12.1			
7	ColletHolder pg.1	直徑	8	mm	8.3	7.7	8.2			
8	ColletHolder pg.1	粗糙度	SEE PRINT	µm			0.4			
9.1	ColletHolder pg.1	長度	0.50	mm	0.60	0.40	0.41			
9.2	ColletHolder pg.1	角度	45	deg	45	40	45			
10.1	ColletHolder pg.1	直徑	6	mm	6	5.95	5.97			
10.2	ColletHolder pg.1		SEE PRINT FOR GTOL				0.1			
11	ColletHolder pg.1	長度	5	mm	3.3	2.7	3.3			
12	ColletHolder pg.1	角度	42	deg	42.05	42	42.01			
13	ColletHolder pg.1		SEE PRINT				Pass			
14	ColletHolder pg.1	直徑	7	mm	7.3	6.7	6.9			
15.1	ColletHolder pg.1		SEE PRINT				Fail			
15.2	ColletHolder pg.1	長度	10	mm	10.3	10	10.2			
16.1	ColletHolder pg.1	註解	REMOVE ALL BURRS				Pass			
16.2	ColletHolder pg.1	註解	FINISH: ANODIZE BLACK				Pass			
16.3	ColletHolder pg.1	註解	DIMENSIONS AND				Pass			
16.4	ColletHolder pg.1	註解	VENDOR INSPECTION				Pass			
The signature indicates that all characteristics are accounted for; meet drawing requirements or are properly documented for disposition.										

STEP 4 儲存並關閉專案檔

練習 3-2 CMM 輸入

請使用 SOLIDWORKS Inspection Professional 來輸入 CMM 資料。

此範例將增強您以下技能：

- 輸入 CMM 資料
- 自動指派
- 手動指派

操作步驟

STEP 1 開啟專案檔

從 Lesson03\Exercises\Exercise08 資料夾中開啟 CMM Data Import.ixprj。

STEP 2 輸入 CMM 資料

使用 PC-DMIS 範本。

從 PCDMIS C003.txt 來輸入 CMM 資料。

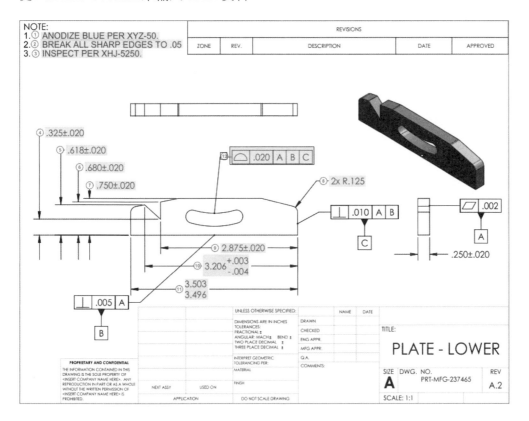

使用**類型、名義、正負公差**來自動分配。

將特性10手動分配到項次編號9。

STEP 3 儲存並關閉專案檔

A

檢查報告範本

 順利完成本章課程後，您將學會：

- 使用範本編輯器修改SOLIDWORKS
  Inspection標準報告範本的基本格式

- 使用範本編輯器將欄和記號加入到
  SOLIDWORKS Inspection標準報告範本

- 在Microsoft Excel中使用格式化條件設定

- 使用範本編輯器將格式應用到自訂報告

A.1 檢查報告範本

報告範本可建立不同格式的 Microsoft Excel® 報告,例如:建立首件檢查報告或製程檢查報告。

SOLIDWORKS Inspection 包括標準檢查報告範本,例如:AS9102 表格、PPAP 和製程性能表。標準範本適用於大多數情況。

有關使用標準範本的相關資訊,請參閱 SOLIDWORKS Inspection 的**說明**。

A.2 範本編輯器

在標準範本不能符合特定需求的情況下,範本編輯器可建立不限數量的自定義報告範本。SOLIDWORKS Inspection 的範本編輯器可修改現有的報告範本,或自定義公司現有報告。建立報告範本後,即可用於任何專案。

指令TIPS 範本編輯器 🔍

SOLIDWORKS Inspection 單機版本:

- 功能表:**檔案→範本編輯器**。

SOLIDWORKS Inspection 附加程式:

- CommandManager:**啟動範本編輯器** 🗐。
- 功能表:**工具→SOLIDWORKS Inspection→啟動範本編輯器** 🗐。

💫 **注意**　SOLIDWORKS Inspection 附加程式的範本編輯器與單機版的範本編輯器是不同的,這是因為 SOLIDWORKS Inspection 附加程式能夠從 SOLIDWORKS 模型或工程圖映射自定義屬性。而單機版應用程式建立的範本不能在 SOLIDWORKS Inspection 附加程式中使用,反之亦然。

A.2.1　報告格式

您可以設定報告範本，並從任何SOLIDWORKS Inspection欄位填入資訊至以Excel為主的報告中。

由於範本編輯器使用Microsoft Excel，因此可以利用Microsoft Excel中的功能來自訂報告，例如：更改顏色、字體、邊框、加入Logo圖像等，或者使用進階公式、巨集、查表、格式化條件和數據驗證來建立獨特的報告。

在此我們將自訂一個標準的檢查報告範本。

STEP 1　檢查現有報告

從AppendixA\Case Study資料夾中開啟TopMotorClampRev--FAIR.xlsx。

	A	B	C	D	E	F	G	H	I	J	K	L	M
1						First Article Inspection Report							
2						Form 3: Characteristic Accountability, Verification and Compatibility Evaluation							
3		1. Part Number				2. Part Name						3. Serial/Lot Number	4. FAI Report
4		SWI-13343-01				TOP MOTOR CLAMP PUMP PROJECT						No Results Found	SWI-13343-01
5		Characteristic Accountability							Inspection / Test Results			Other Fields	
6		5. Char No.	6. Reference Location	7. Characteristic Designator	8. Requirement	8a. UoM	8b. Upper Limit	8c. Lower Limit	9. Results	10. Designed Tooling	11. Non-Conformance Number	14. Notes	
8		1	TopMotorClampRev- PDF	Note	REMOVE ALL BURRS								
9		2	TopMotorClampRev- PDF pg.1, Zone A.4	Note	FINISH: ANODIZE BLACK PER MIL-8625F TYPE II								
10		3	TopMotorClampRev- PDF pg.1, Zone A.4	Note	PARTS TO BE FREE FROM OIL AND DEBRIS								
11		4	TopMotorClampRev- PDF pg.1, Zone C.3	Linear Dimension	80	mm	80.5	79.5	80.25				
12		5	TopMotorClampRev- PDF pg.1, Zone C.4	Linear Dimension	12	mm	12.5	11.5	11.25				

檢查報告：

- 請注意單元格L3中的文本是斜體的。
- 請注意單元格M3中的文本不是粗體。
- 請注意，E欄（Requirement）的儲存格格式是文字。

  關閉TopMotorClampRev--FAIR.xlsx。

STEP 2　開啟SOLIDWORKS Inspection

開啟SOLIDWORKS Inspection單機版應用程式 。

STEP 3　開啟現有專案

從AppendixA\Case Study資料夾中開啟TopMotorClampRev-.ixprj。

STEP 4　編輯現有範本

點選**檔案→範本編輯器**。

自動執行Microsoft Excel後，出現**選擇檢查圖頁範本**對話框。

點選**AS9102.xlt**，然後點選**開啟**。

Microsoft Excel範本開啟，並出現**SOLIDWORKS Inspection範本編輯器**對話框。

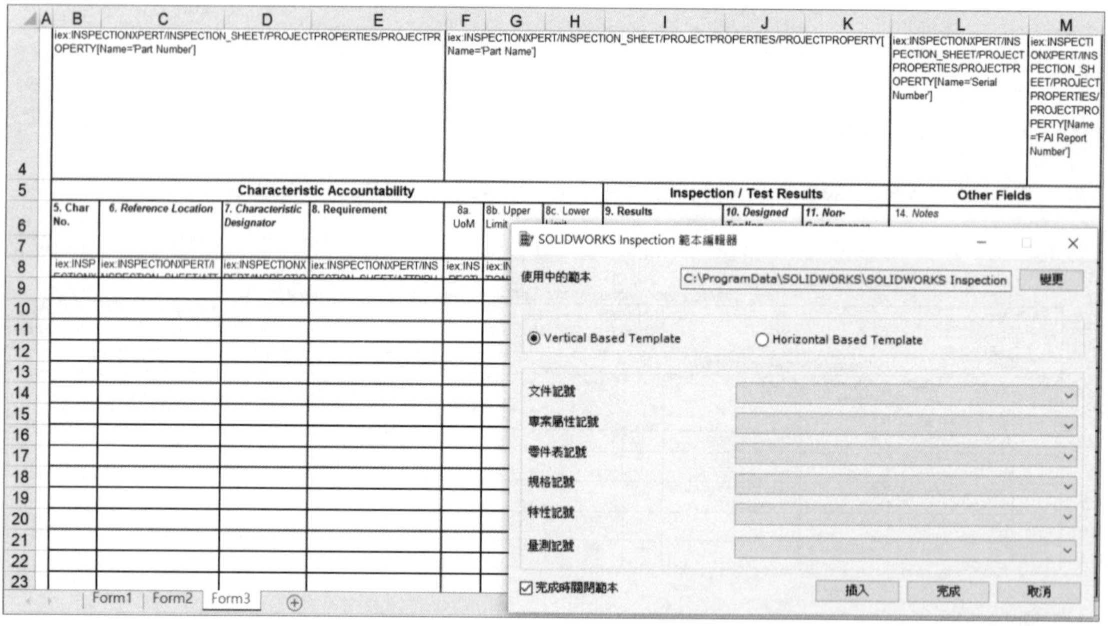

　　顯示的文字是字面上文字和記號文字的結合。檢查報告上出現的文字格式與範本上出現的方式相同。

STEP 5　修改基本格式

返回開啟的Excel報告範本並執行以下操作：

點選儲存格L3並取消文字的斜體。

點選儲存格M3並加粗文字。

拖曳M欄的右側以使欄位加寬。

在**第4列**上按右鍵點選並從選單中選擇**列高**。將值改為40，然後點選**確定**。

A.2.2 記號

在報告範本中是使用記號來對應SOLIDWORKS Inspection資料的輸入欄位。

為了包含因不同專案的檢查報告資訊，在範本中會使用記號作為占位符，並在發布檢查報告時替換為實際值。

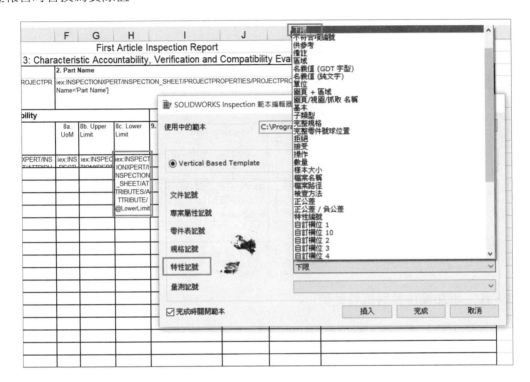

記號在範本編輯器中顯示為相當長的文字字符串。然而範本編輯器可讓您從列表中選擇記號，並在您選擇的位置中自動插入記號至範本中。為了方便查找，記號將會分組，且是根據專案中值的來源位置而分組。

而可對應到Excel範本儲存格的不同記號組有：

- **文件**：對應文件資訊（例如：建立日期、文件名、文件路徑）。
- **專案屬性**：對應專案屬性（例如：零件名稱、零件編號、零件版本）。

> 提示　除了上述中列出的**專案屬性**外，還有**自訂屬性**。

- **零件表**：對應物料清單屬性（例如：AS9102 Form 1資料）。
- **規格**：對應規格屬性（例如：AS9102 Form 2資料）。

- **特性**：對應特性值（例如：AS9102 Form 3 資料）。

- **量測**：對應量測值。

要將記號對應到儲存格的步驟：

1. 點選記號類型的下拉列表。

2. 點選您要對應的記號。

3. 點選 Excel 範本中要對應的儲存格位置，然後點選**插入**。

注意 單機版應用程式中使用的記號與 SOLIDWORKS Inspection 附加程式中使用的記號將有所不同。

8. Requirement	8. Requirement
單機版	附加程式
iex:INSPECTIONXPERT/INSPECTION_SHEET/ATTRIBUTES/ATTRIBUTE/@Nominal	iex:INSPECTIONXPERT/SAMPLE_SHEET/CAD/ATTRIBUTES/ATTRIBUTE[@selected='True']/@value

STEP 6 增加欄位並對應特性值

在 F 欄的表頭上按右鍵，點選選單中的**插入**。

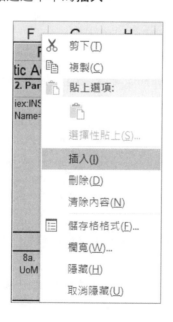

在**Requirement**右側將新增一欄。

點選儲存格**F6**並輸入顯示文字「Key」。

點選儲存格**F8**並從範本編輯器內的**特性記號**中選擇**鍵**。

點選**插入**。

該特性值**鍵**的記號已經被加入範本中。每當使用此範本時，每個特性的**鍵**值都會出現在**F**欄中。

STEP 7　儲存編輯並建立報告

在**SOLIDWORKS Inspection 範本編輯器**中點選**完成**。

儲存該範本並命名為 AS9102-key.xlt。

返回開啟的專案並從首頁頁籤內點選**發佈→Excel**。

點選　＋　在**範本**清單內增加新建立的 Excel 範本，瀏覽至**AS9102-key.xlt**並點選**開啟**。

請確定選中的是**AS9102-key.xlt**，並且**所有圖頁**是被勾選的。

點選**輸出**，並指定 TopMotorClampRev--FAIR-MOD.xls 作為**檔案名稱**。

A.2.3　Excel設定格式化條件

由於在特性對話框中的 **Key** 欄為一核取方塊，因此當**鍵**值被選中時，記號會顯示 **true**，若未選中則顯示 **false**。

5	Characteristic Accountability				
	5. Char No.	6. Reference Location	7. Characteristic Designator	8. Requirement	Key
6					
7					
8	1	TopMotorClampRev- pg.1, Zone A.4	註解	REMOVE ALL BURRS AND/OR TUMBLE IN MEDIA	FALSE
9	2	TopMotorClampRev- pg.1, Zone A.4	註解	FINISH: ANODIZE BLACK PER MIL-8625F TYPE II	FALSE
10	3	TopMotorClampRev- pg.1, Zone A.4	註解	PARTS TO BE FREE FROM OIL AND DEBRIS	FALSE
11	4	TopMotorClampRev- pg.1, Zone C.3	長度	80	FALSE
12	5	TopMotorClampRev- pg.1, Zone C.4	長度	12	FALSE
13	6	TopMotorClampRev- pg.1, Zone C.4	長度	12	FALSE
14	7	TopMotorClampRev- pg.1, Zone C.4	長度	6	FALSE
15	8	TopMotorClampRev- pg.1, Zone B.3	長度	(33.95)	FALSE
16	9*	TopMotorClampRev- pg.1, Zone C.3	長度	56	TRUE
17	10	TopMotorClampRev- pg.1, Zone B.4	長度	20	FALSE

如果您希望改用（×）來顯示，則必須新增另一欄，該欄可使用 Microsoft Excel 公式，並可引用其他帶有記號的欄值，可寫入公式為：

=IF(F8="true","X","")

公式不能直接應用在含有記號的儲存格中。

 新欄**數字格式**必須設定為**一般**（舊稱「**通用格式**」）。否則，公式將無法解析。

格式化條件的其他範例有：

◆ 管理多種單位

範例是以 **mm** 和 **in** 為單位的雙重值。

Excel 公式為：

J8=IF(G8="mm","in","mm")

公式涵義為：若 G8 儲存格單位為 mm，那麼 J8 就會顯示為 in，否則為 mm。

可另外在另一欄套用公制／英制數值換算公式：

K8=IF(J8="mm",E8*25.4,E8/25.4)

根據使用的單位，我們透過將 in 乘以 25.4 轉換為 mm，或將 mm 除以 25.4 轉換為 in。

G	H	I	J	K
_ First Article Inspection Report				
tic Accountability, Verification and Compatil				
2. Part Name				
PLATE - LOWER				
8a. UoM	8b. Upper Limit	8c. Lower Limit	8d. Uom	8e. Requirement
in	0.345	0.305	mm	8.255
in	0.638	0.598	mm	15.697
in	0.700	0.660	mm	17.272

◈ **Requirements 不是數字**

繼續上面的範例，需要處理的是 **Requirement** 欄（在本例中為 E 欄）不是數值的情況。

8. Requirement	Key	8a. UoM	8b. Upper Limit	8c. Lower Limit	8d. Uom	8e. Requirement
ANODIZE BLUE PER XYZ-50.	FALSE					#VALUE!
BREAK ALL SHARP EDGES TO .05	FALSE					#VALUE!
INSPECT PER XHJ-5250.	FALSE					#VALUE!
.325	FALSE	in	0.345	0.305	mm	8.255
.618	FALSE	in	0.638	0.598	mm	15.697
.680	FALSE	in	0.700	0.660	mm	17.272

Excel 公式為：

=IF(ISNUMBER(E8)=TRUE, IF(G8="mm","in","mm"), "")

如果為 TRUE 則執行公式，否則什麼也不做。

提示 包含 **ISNUMBER** 條件的儲存格格式必須為**一般**（舊稱「**通用格式**」）。

合併儲存格

使用 Excel 技巧，還可藉由合併兩個儲存格在另一儲存格中顯示上限與下限。

=IF(M<>"",CONCATENATE(FIXED(M,)," ",FIXED(N,)),"")

8. Requirement	8a. UoM	8b. Upper/Lower Limit
.325	in	0.345 0.305
.618	in	0.638 0.598
.680	in	0.700 0.660

 技巧

在網路上搜尋「Excel 使用格式化條件設定的公式」，將可找到其他範例。

STEP 8 在範本中增加確認欄

關閉 Microsoft Excel 報告。

點選**檔案→範本編輯器**。

自動執行 Microsoft Excel 後，並出現**選擇檢查圖頁範本**對話框。

點選 **AS9102-key.xlt**，然後點選**開啟**。

Microsoft Excel 範本開啟，並出現 **SOLIDWORKS Inspection 範本編輯器**對話框。

在 **G** 欄表頭按右鍵，並選擇**插入**，一個新欄將被新增在 **Key** 的右側。

點選 **G** 欄表頭以全選整欄，將**儲存格格式**選擇為**一般**並點選 **OK**。

點選儲存格 **G8** 並輸入 =IF(F8="true","X","")。

將儲存格 **G8** 拖曳複製到儲存格 **G9 到 G29**。（確保公式中引用的儲存格數字隨每一列遞增。）

將 **F6** 上顯示文字 **Key** 複製到 **G6**，並將 **F** 欄隱藏。

如果隱藏欄沒有擷取記號值，則取消隱藏該欄，並藉由拖曳儲存格邊緣進行修改，以便留下一個小間隙可擷取值。

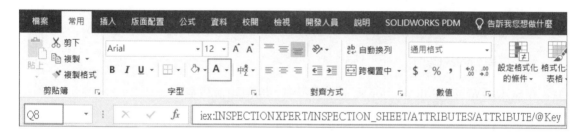

另一種選擇是將記號放在列印範圍外的欄位上，並設定文字顏色為白色，以便看不到它，但依然有可以擷取的值存在。

![SOLIDWORKS Excel 工具列，Q8 儲存格顯示 iex:INSPECTIONXPERT/INSPECTION_SHEET/ATTRIBUTES/ATTRIBUTE/@Key]

STEP 9　儲存編輯並建立報告

在 **SOLIDWORKS Inspection 範本編輯器**中點選**完成**。

儲存該範本並命名為 AS9102-key.xlt。

點選**是**取代原本的檔案。

返回開啟的專案並從首頁頁籤內點選**發佈**→**Excel**。

點選**輸出**。

儲存檔案並命名為 TopMotorClampRev--FAIR-MOD2.xls。

Characteristic Accountability							
5. Char No.	6. Reference Location	7. Characteristic Designator	8. Requirement	Key	8a. UoM	8b. Upper Limit	8c. Lower Limit
1	LOWER PLATE - A2 pg.1	註解	ANODIZE BLUE PER XYZ-				
2	LOWER PLATE - A2 pg.1	註解	BREAK ALL SHARP EDGES TO .05				
3	LOWER PLATE - A2 pg.1	註解	INSPECT PER XHJ-5250.				
4	LOWER PLATE - A2 pg.1	長度	.325		in	0.345	0.305
5	LOWER PLATE - A2 pg.1	長度	.618		in	0.638	0.598
6	LOWER PLATE - A2 pg.1	長度	.680		in	0.700	0.660
7	LOWER PLATE - A2 pg.1	長度	.750		in	0.770	0.730
8	LOWER PLATE - A2 pg.1	半徑	.125		in	0.175	0.075
9*	LOWER PLATE - A2 pg.1	長度	2.875	X	in	2.895	2.855
10	LOWER PLATE - A2 pg.1	長度	3.206		in	3.209	3.201

A.2.4　頁尾列

SOLIDWORKS Inspection 範本編輯器具有「頁尾列」功能，可展開或截斷報告中的列，以符合您輸出的特性值數目。這會讓報告看起來更專業，並節省您的時間，因為在輸出後不需要格式化其他列或刪除列。

在頁尾列上或之後的報告範本中的任何列，都會顯示在報告底部或報告的最後一頁。

使用頁尾列的步驟：

1. 在 SOLIDWORKS Inspection 範本編輯器中，開啟報告範本。

2. 選擇要在輸出特性之後立即顯示的列。例如：您可能想要在報告的最後一頁顯示簽名區塊或其他欄位。請選擇第一列欄位做為頁尾，並按一下列編號以反白顯示整列。

3. 點選 Excel 中的**公式**功能區，按一下**定義名稱**。

4. 在**新名稱**對話框中，輸入 IXFooterRow003 作為名稱，然後按一下**確定**。

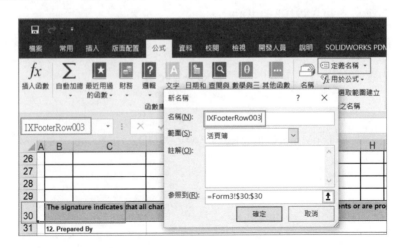

提示　注意輸入的大小寫字幕和三個數字（例如：001）。這三個數字可讓您簡易地更改數字，以便在Excel報告範本中的多個工作表上輸入頁尾列功能。以上範例有Form1、Form2和Form3，每個工作表都有一個頁尾列。

5. 完成Excel報告範本中其他格式補充修改，點選**SOLIDWORKS Inspection範本編輯器**中的**完成**，並且儲存該報告範本。

在此範例中，我們將從自訂檢查報告來建立範本。

				AS9102 First Article Inspection										
				Characteristic Accountability, Verification, and Compatibility Evaluation								ACME		
1. Part Number							2. Part Name			3. Contract Number			4. FAI Report	
	Characteristic Accountability						Inspection / Test Results							
5. Char #	6. Reference Location	7. Characteristic Designator	8. Requirement		9. Results	Accept	Reject	10. Designed Tooling/Gauging	11. Non-Conformance Number	14. Comments				

Signature indicates that all characteristics are accounted for, meet drawing requirements or are properly documented for disposition.

12. Prepared By:　　　　13. Date

STEP 10　編輯自訂報告

關閉開啟中的Excel檔案。

從AppendixA\Case Study資料夾中開啟ACME_FAIR.xlsx。

檔案名稱(N):	ACME_FAIR.xltx
存檔類型(T):	Excel 範本 (*.xltx)

點選**檔案→另存新檔**，並選擇存檔類型為**Excel範本**，將檔案至於範本資料夾。

範本路徑通常位於：C:\ProgramData\SOLIDWORKS\SOLIDWORKS Inspection <version> Standalone\Templates。

關閉Excel檔案。

點選**範本編輯器**。

自動執行 Microsoft Excel 後並出現**選擇檢查圖頁範本**對話框。

點選 **ACME_FAIR.xltx**，然後點選**開啟**。

該範本開啟後不含任何記號。

> 提示 若使用 **Microsoft® Office 365™**，將可能無法識別 **.xltx** 格式，建議將文件另存為 **Excel 97-2003 範本（.xlt）**。

STEP 11 對應專案屬性

點選位於 **1. Part Number** 下方的儲存格。

1. Part Number

在 **SOLIDWORKS Inspection 範本編輯器**內，於**專案屬性記號**清單中選擇 **Part Number**。

然後點選**插入**。

即可見該儲存格中已放入適合的記號。

1. Part Number
ERT/INSPECTION_SHEET/PROJECTPROPERTIES/PROJECTPROPERTY[

重複此過程來將其他**專案屬性記號**放入。

儲存格	專案屬性記號
2. Part Name	Part Name
3. Contract Number	採購單編號
4. FAI Report	FAI 報告編號

> 提示 請務必記住在 **SOLIDWORKS Inspection 範本編輯器**中，點選**插入**之前要先選擇儲存格。

STEP 12 對應特性屬性

使用相同步驟，完成對應的特性記號放置，如下表所示：

儲存格	特性記號
5. Char #	特性編號
6. Reference Location	完整零件號球位置
7. Characteristic Designator	子類型
8. Requirement	名義值（GDT字型）
10. Designed Tooling/Gauging	檢查方法
14. Comments	備註

專案屬性記號和特性記號的對應是完整的：

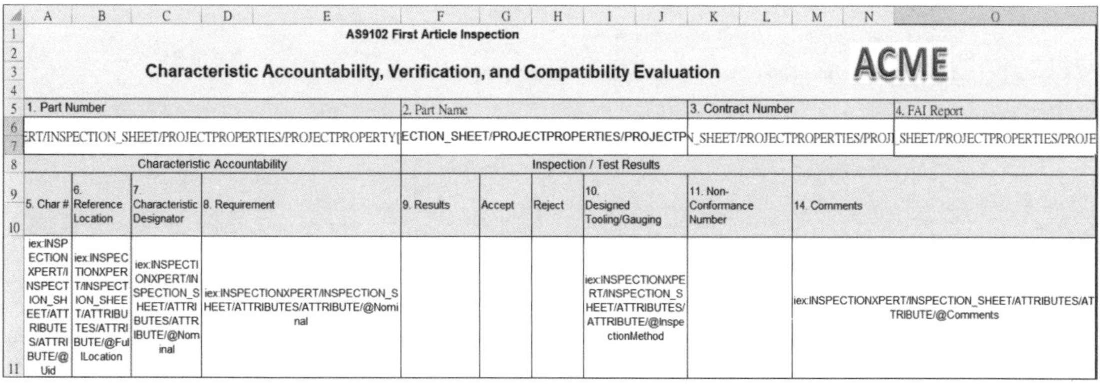

STEP 13 加入頁尾列

選擇第**26**列，將其標識為要遵循擷取的特性列。

選中列後，從Excel選單中選擇**公式→定義名稱**，並輸入IXFooterRow001。

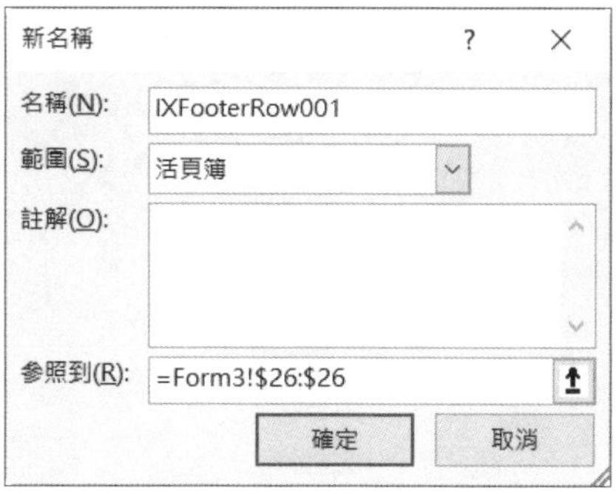

點選**確定**。

STEP 14 儲存範本並建立報告

在 **SOLIDWORKS Inspection 範本編輯器**中點選**完成**。

儲存該範本並命名為 ACME-Custom.xlt。

返回開啟的專案,並從首頁頁籤內點選**發佈→Excel**。

點選 ➕ 將新建立的範本加入到**範本**列表中,瀏覽 **ACME-Custom.xlt** 並點選**開啟**。

確定 **ACME-Custom.xlt** 有被選取,並勾選**所有圖頁**。

點選**輸出**與指定 TopMotorClampRev--FAIR-Custom.xlsx 為**檔案名稱**。

自訂檢查報告是使用對應的值建立的。

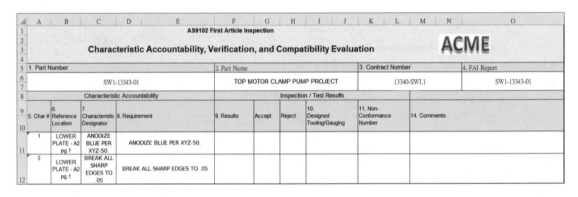

報告範本可以根據需要修改基本格式或加入格式化條件。

B

了解正規表達式

順利完成本章課程後，您將學會：

- 了解正規表達式（**Regex**）擷取註解的使用
  方式

B.1　正規表達式

在SOLIDWORKS Inspection附加程式中，**註解**預設的**擷取準則**就是使用正規表達式。

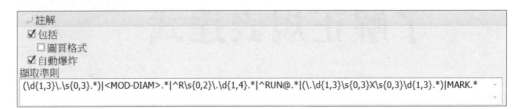

正規表達式可讓您指定任何字串格式來匹配所需要擷取的註解文字。

正規表達式是使用與程式編寫時相同的文字字元，在正規表達式中係由具有特殊含義的元字符以及可讓您將元字符用作文字字符的跳脫序列的組合所構建而成的。

正規表達式通常用於電腦軟體中，該術語通常縮寫為Regex或Regexp。它完整的定義很大，可以用來描述複雜模式。下表顯示了一些常見的正規表達式元字符及其用途的小範例。

元字符	格式	描述
.	x.y	該點（.）相應為該位置的任何字符。
*	x*y	星號（*）代表當前面的字符出現零次或多次時。
|	x|y	豎線字符（|）用作Or運算符。如果文字滿足之前或之後的任一模式，則表達式將匹配。
^	^(xyz)	如果字符串元字符（^）的開頭出現在文字的開頭，則它與表達式匹配。
{ }	x{2} y{0,3}	多個數學運算符（{ }）使表達式匹配，如果它出現指定的次數。在左側的示例中，表達式恰好需要兩個與x匹配的文字實例以及在0到3個與y匹配的文字實例之間。
\	\	跳脫序列元字符可用於將元字符轉換為文字。
\d	\d	位元字符用來查找數字字符（即0到9）。 可以結合元字符的副本數量來查找特定大小的數字。例如：\d{3}相當於所有三位數字。
\s	x\sy	空白字元元字符相當於空格、tab…等。

以此正規表達式來舉例：

(\d{1,3}\.\s{0,3}.*)|<MOD-DIAM>.*|^R\s{0,2}\.\d{1,4}.*

根據下表中的描述得到相應的文字：

正規表達式	相應文字
\d{1,3}	字符串中任意位置出現1到3位數字。
\.	接著是一個點（句點）。
\s{0,3}	接著是0到3個空白字符（空格、Tab等）。
.*	接著是任意數量的任意字符。
|	OR。
<MOD-DIAM>	出現在字符串中任意位置的直徑符號。
.*	接著是任意數量的任意字符。
|	OR。
^R	R出現在字符串的開頭。
\s{0,2}	接著是0到2個空格字符。
\.	接著是一個點（句點）。
\d{1,4}	接著是1到4位數字。
.*	接著是任意數量的任意字符。

可以透過網路搜索來找到有關使用正規表達式的其他訊息。

NOTE

C

品管術語表

 順利完成本章課程後，您將學會：

- 了解品質管理中使用的常用術語

C.1　術語

● 檢查圖

用於確定需要在製造零件上量測和檢查哪些特性的零件號球或泡泡圖。

● 檢查報告

根據檢查圖（通常是手寫或手動輸入到 Excel 中）建立的報告，其中列出了將要檢查內容的詳細訊息。

零件量測後，將量測值輸入此表格以完成檢查包。此檢查包將以實體文件或電子檔形式儲存在公司內，如果零件是為其他人製造的，也可能會提供給客戶。

● 首件檢查

第一次製造產品時，您通常需要在第一次生產製造中檢查零件的每個尺寸。主要用於在開始全面性生產之前評估製造過程問題。

● 製程檢查

當製造大量零件或定期製造零件時，只會檢查一部分成品零件（可能由 AQL 定義）。此外，您只能檢查圖紙上總尺寸的百分比。通常會向每個加工作業員提供檢查報告表，以便他們可以在零件加工完從機器上取下來時對其進行檢查。

● 進料檢查

通常在供應商製造零件並在送達時檢查零件，以確保它們符合規定的品質標準時執行。

● 品質管理軟體

資料庫軟體用於管理檢查的歷史細節，並隨著時間的推移從各種來源（品檢員、機器等）追蹤品質，並提供詳細報告以幫助在需要時採取糾正措施。

NetInspect 和 QualityXpert 就是此類軟體的範例。

● 作業

一個零件的每個加工過程。有些是描述性術語（銑削、鑽孔、車削……），有些是數字（Op10、Op20、……）。

◈ AS9102

大多數航空航太工業公司使用的監管要求。AS9102表格1、2和3必須經常填寫以供檢查，並從需要檢查的CAD圖面而來。表格1是組裝零件所需的材料清單，表格2是零件或組件所需的規格/材料，表格3是尺寸/註解/…等的詳細清單。

◈ PPAP

生產件批准程序（PPAP），許多汽車業公司使用的標準檢查表格。

◈ 抽樣檢查/SQL

通常用於製程檢查，一種計算整個批量生產中需要受檢查的百分比，以及樣品中可以有多少次品的方法。

NOTE

NOTE

NOTE

讀者回函

讀 者 回 函

感謝您購買本公司出版的書，您的意見對我們非常重要！由於您寶貴
的建議，我們才得以不斷地推陳出新，繼續出版更實用、精緻的圖
書。因此，請填妥下列資料(也可直接貼上名片)，寄回本公司(免貼郵
票)，您將不定期收到最新的圖書資料！

購買書號： _____ **書名：** _____

姓　　名：_____

職　　業：□上班族　　□教師　　□學生　　□工程師　　□其它

學　　歷：□研究所　　□大學　　□專科　　□高中職　　□其它

年　　齡：□ 10~20　□ 20~30　□ 30~40　□ 40~50　□ 50~

單　　位：_____　部門科系：_____

職　　稱：_____　聯絡電話：_____

電子郵件：_____

通訊住址：□□□ _____

_____

您從何處購買此書：

□書局 _____　□電腦店 _____　□展覽 _____　□其他 _____

您覺得本書的品質：

內容方面：□很好　　　□好　　　　□尚可　　　□差

排版方面：□很好　　　□好　　　　□尚可　　　□差

印刷方面：□很好　　　□好　　　　□尚可　　　□差

紙張方面：□很好　　　□好　　　　□尚可　　　□差

您最喜歡本書的地方：_____

您最不喜歡本書的地方：_____

假如請您對本書評分，您會給(0~100 分)：___ 分

您最希望我們出版那些電腦書籍：

請將您對本書的意見告訴我們：

_____

您有寫作的點子嗎？□無　　□有　　專長領域：

博碩文化網站　　http://www.drmaster.com.tw

GIVE US A PIECE OF YOUR MIND

歡迎您加入博碩文化的行列哦！

請沿虛線剪下寄回本公司

Give Us a Piece Of Your Mind

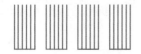

廣　告　回　函
台灣北區郵政管理局登記證
北台字第 4 6 4 7 號
印 刷 品 · 免 貼 郵 票

221
博碩文化股份有限公司　讀者服務部
新北市汐止區新台五路一段 112 號 10 樓 A 棟

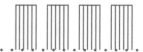

如何購買博碩書籍

全 省書局
請至全省各大書局、連鎖書店、電腦書專賣店直接選購。

（書店地圖可至博碩文化網站查詢，若遇書店架上缺書，可向書店申請代訂）

劃 撥訂單（優惠折扣 85 折，折扣後未滿 1,000 元請加運費 80 元）
請於劃撥單備註欄註明欲購之書名、數量、金額、運費，劃撥至

帳號：17484299　戶名：博碩文化股份有限公司，並將收據及訂購人聯絡方式

傳真至 （02）2696-2867。

線 上訂購
請連線至「博碩文化網站 http://www.drmaster.com.tw」，於網站上查詢

優惠折扣訊息並訂購即可。

信用卡 CREDIT CARD 專用訂購單

※優惠折扣請上博碩網站查詢，或電洽 (02)2696-2869#307
※請填妥此訂單傳真至(02)2696-2867 或直接利用背面回郵直接投遞。謝謝！

一、訂購資料

	書號	書名	數量	單價	小計
1					
2					
3					
4					
5					
6					
7					
8					
9					
10					
		總計 NT$			

總　計：NT$＿＿＿＿＿＿＿＿＿　X 0.8 = 折扣金額 NT$ ＿＿＿＿＿＿＿＿＿

折扣後金額：NT$ ＿＿＿＿＿＿＿ ＋ 掛號費：NT$ ＿＿＿＿＿＿＿＿＿

＝總支付金額 NT$ ＿＿＿＿＿＿＿＿＿　　　※各項金額若有小數，請四捨五入計算。

「掛號費台北縣 70 元，外縣市（包含台北市）80 元，外島縣市 100 元」

二、基本資料

收 件 人：＿＿＿＿＿＿＿＿＿＿　生日：＿＿ 年 ＿＿ 月 ＿＿ 日

電　　話：(住家) ＿＿＿＿＿＿＿ (公司)＿＿＿＿＿＿＿ 分機 ＿＿＿

收件地址：□ □ □＿＿＿＿＿＿＿＿＿＿＿＿＿＿＿＿

發票資料：□ 個人 (二聯式)　　□ 公司抬頭 / 統一編號：＿＿＿＿＿＿

信用卡別：□ MASTER CARD　　□ VISA CARD　　□ JCB 卡　　□ 聯合信用卡

信用卡號：□□□□□□□□□□□□□□□□

身份證號：□□□□□□□□□□

有效期間：＿＿＿ 年 ＿＿＿ 月止

訂購金額：＿＿＿＿＿＿＿＿＿元整（總支付金額）

訂購日期：＿＿ 年 ＿＿ 月 ＿＿ 日

持卡人簽名：＿＿＿＿＿＿＿＿＿＿＿＿（與信用卡簽名同字樣）

黏 - - 貼 - - 處

請沿虛線剪下寄回本公司

廣 告 回 函
台灣北區郵政管理局登記證
北 台 字 第 4 6 4 7 號
印 刷 品 ・ 免 貼 郵 票

221

博碩文化股份有限公司　業務部
新北市汐止區新台五路一段112號10樓A棟

如何購買博碩書籍

全省書局

請至全省各大書局、連鎖書店、電腦書專賣店直接選購。

（書店地圖可至博碩文化網站查詢，若遇書店架上缺書，可向書店申請代訂）

信用卡及劃撥訂單（優惠折扣 8 折）

請至博碩文化網站下載相關表格，或直接填寫書中隨附訂購單並於付款後，

將單據傳真至 (02)2696-2867。

線上訂購

請連線至「博碩文化網站 http://www.drmaster.com.tw」，於網站上查詢

優惠折扣訊息並訂購即可。